高等职业教育计算机系列教材

Office 2019 办公软件高级应用

（微课版）

黄林国　张　瑛　主　编

蔡卫兵　祁　杰　沈爱莲　副主编

U0217864

电子工业出版社

Publishing House of Electronics Industry

北京·BEIJING

内 容 简 介

本书从现代办公应用中遇到的实际问题出发，基于"项目引导，任务驱动"的项目化专题教学方式编写而成，体现了"基于工作过程"与"教、学、做"合一的教学理念和实践特点。本书以 Windows 10 和 Office 2019 为办公平台，全面介绍了计算机基础知识，以及 Word 2019、Excel 2019、PowerPoint 2019 高级应用，共包括 4 个学习情境，12 个项目，分别为 Windows 10 操作系统、信息检索、自荐书制作、艺术小报排版、毕业论文排版、信封和成绩单批量制作、学生成绩分析与统计、工资表数据分析、水果超市销售数据分析、论文答辩稿制作、学院简介演示文稿制作、电子相册制作。每个项目中的示例均按"项目导入"→"项目分析"→"相关知识点"→"项目实施"→"总结与提高"→"拓展知识"→"习题"的顺序展开。学生能够通过项目中的示例完成相关知识点的学习和技能的训练，项目中的示例均来自企业工程实践，具有典型性、实用性、趣味性和可操作性。

本书可作为高等职业院校"办公软件高级应用"和"办公自动化"课程的教学用书，也可作为成人高等院校、各类培训班，以及计算机从业人员和爱好者的参考用书。

图书在版编目（CIP）数据

Office 2019 办公软件高级应用：微课版 / 黄林国，张瑛主编. —北京：电子工业出版社，2024.3

ISBN 978-7-121-47381-4

Ⅰ. ①O… Ⅱ. ①黄… ②张… Ⅲ. ①办公自动化－应用软件－高等学校－教材 Ⅳ. ①TP317.1

中国国家版本馆 CIP 数据核字（2024）第 038104 号

责任编辑：徐建军
印　　刷：天津嘉恒印务有限公司
装　　订：天津嘉恒印务有限公司
出版发行：电子工业出版社
　　　　　北京市海淀区万寿路 173 信箱　　　邮编：100036
开　　本：787×1 092　　1/16　　印张：15　　字数：365 千字
版　　次：2024 年 3 月第 1 版
印　　次：2024 年 3 月第 1 次印刷
印　　数：2 000 册　　定价：54.00 元

凡所购买电子工业出版社图书有缺损问题，请向购买书店调换。若书店售缺，请与本社发行部联系，联系及邮购电话：（010）88254888，88258888。

质量投诉请发邮件至 zlts@phei.com.cn，盗版侵权举报请发邮件至 dbqq@phei.com.cn。

本书咨询联系方式：（010）88254570，xujj@phei.com.cn。

前　言

党的二十大报告指出："教育、科技、人才是全面建设社会主义现代化国家的基础性、战略性支撑。必须坚持科技是第一生产力、人才是第一资源、创新是第一动力，深入实施科教兴国战略、人才强国战略、创新驱动发展战略，开辟发展新领域新赛道，不断塑造发展新动能新优势。""教育是国之大计、党之大计。""我们要坚持教育优先发展、科技自立自强、人才引领驱动，加快建设教育强国、科技强国、人才强国，坚持为党育人、为国育才，全面提高人才自主培养质量，着力造就拔尖创新人才，聚天下英才而用之。"

随着信息化社会的高速发展，计算机技术正在深入社会的各个领域，办公软件已经成为各行各业中不可或缺的工具，熟练掌握办公软件的高级应用已成为衡量大学生业务素质和能力的突出标志。本书把现代办公软件的应用中遇到的实际问题归纳成项目任务，将办公软件的各项高级应用功能融合到实际任务中，从而把软件技术与职业应用结合起来。本书具有以下特点。

1．落实立德树人根本任务

将"课程思政"贯穿教育、教学的全过程，提升育人成效。本书精心设计，在课程内容的讲解中融入科学精神和爱国情怀，通过讲解国家最高科学技术奖获得者王选、中国龙芯、华为鸿蒙操作系统等中国计算机领域的重要事件和人物，引导学生树立正确的社会主义世界观、人生观和价值观，弘扬精益求精的专业精神、职业精神和工匠精神，培养学生的创新意识，激发学生的爱国热情。

2．全面反映新时代教学改革成果

本书以《教育部关于职业院校专业人才培养方案制订与实施工作的指导意见》（教职成〔2019〕13号）、《教育部关于印发〈中小学教材管理办法〉〈职业院校教材管理办法〉和〈普通高等学校教材管理办法〉的通知》（教材〔2019〕3号）为指导，以课程建设为核心，全面反映新时代课程思政、产教融合、校企合作、创新创业教育、工作室教学、现代学徒制和教育信息化等方面的教学改革成果，以培养职业能力为主线，将探究学习、与人交流、与人合作、解决问题、创新能力的培养贯穿教材始终，充分适应不断创新与发展的工学结合、工学交替、"教、学、做"合一，以及项目教学、任务驱动、现场教学和顶岗实习等"理实一体化"的教学组织与实施形式。

3．以"做"为中心的"教、学、做"合一的教材

本书从实际应用出发，从工作过程出发，从项目出发，以现代办公应用为主线，采用"项目引导，任务驱动"的项目化专题教学方式，每个项目中的示例均按"项目导入"→"项目

分析"→"相关知识点"→"项目实施"→"总结与提高"→"拓展知识"→"习题"的顺序展开。以学到实用技能、提高职业能力为出发点，以"做"为中心，"教"和"学"都围绕着"做"，在做中学，在学中做，在做中教，体现"教、学、做"合一的教学理念，从而完成相关知识点的学习、技能的训练和提高职业素养的教学目标。

4．体例、形式和内容适合职业教育特点

本书共包括 4 个学习情境，12 个项目，每个项目被明确分为若干任务。本书内容的安排由易到难、由简单到复杂，层次递进，循序渐进。学生能够通过项目中的示例完成相关知识点的学习和技能的训练。

5．作为新形态一体化教材，实现教学资源共建共享

本书充分发挥"互联网＋教材"的优势，配备了二维码学习资源，实现了"纸质教材＋数字资源"的结合，体现了"互联网＋"新形态一体化教材理念。通过扫描本书中的二维码，可以观看相应资源，随扫随学，便于学生即时学习和个性化学习，有助于老师借此创新教学模式。

6．作为校企"双元"合作开发教材，实现校企协同"双元"育人

本书紧跟产业发展趋势和行业人才需求，及时将产业发展的新技术、新工艺、新规范纳入其中，反映了典型岗位（群）职业能力要求。

本书由黄林国、张瑛担任主编，由蔡卫兵、祁杰、沈爱莲担任副主编。全书由黄林国统稿，参加编写的还有李静静、徐桑、牟维文等。

为了便于学习，本书还配备了 PPT 课件、电子教案、练习素材、习题答案等教学资源，可在华信教育资源网（www.hxedu.com.cn）注册后免费下载。如有其他问题，可在网站留言板留言或与电子工业出版社联系（E-mail: hxedu@phei.com.cn），也可与作者联系（huanglgvip@21cn.com）。

本书项目中的示例提供的数据没有实际意义，仅供参考。

由于作者的学识和水平有限，书中难免存在疏漏之处，希望广大读者给予批评、指正。

作　者

目 录

学习情境一 计算机基础知识

项目 1 Windows 10 操作系统 2

1.1 项目导入 2

1.2 项目分析 3

1.3 相关知识点 4

    1.3.1 Windows 10 简介 4

    1.3.2 文件系统及管理文件 5

    1.3.3 管理磁盘 6

    1.3.4 浏览器 7

1.4 项目实施 8

    1.4.1 任务 1：使用中文输入法（"微软拼音"输入法） 8

    1.4.2 任务 2：管理文件 9

    1.4.3 任务 3：管理磁盘 13

    1.4.4 任务 4：设置系统环境 14

1.5 总结与提高 18

1.6 拓展知识：国产操作系统"银河麒麟" 20

1.7 习题 20

项目 2 信息检索 22

2.1 项目导入 22

2.2 项目分析 22

2.3 相关知识点 23

    2.3.1 信息检索概述 23

    2.3.2 常用的信息检索方法 24

    2.3.3 搜索引擎 26

    2.3.4 专用检索平台 28

2.4 项目实施 29

    2.4.1 任务 1：使用百度搜索引擎 29

    2.4.2 任务 2：专用平台的信息检索 31

2.5 总结与提高 34

2.6 拓展知识：我国超级计算机 35

2.7 习题 35

学习情境二　Word 2019 高级应用

项目 3　自荐书制作 38

3.1 项目导入 38

3.2 项目分析 38

3.3 相关知识点 40

3.4 项目实施 42

　3.4.1 任务 1：设置页面 42

　3.4.2 任务 2：制作封面 43

　3.4.3 任务 3：制作自荐信 45

　3.4.4 任务 4：制作个人简历 48

　3.4.5 任务 5：打印预览与打印输出 53

3.5 总结与提高 54

3.6 拓展知识：国产办公软件 WPS Office 55

3.7 习题 55

项目 4　艺术小报排版 58

4.1 项目导入 58

4.2 项目分析 58

4.3 相关知识点 60

4.4 项目实施 61

　4.4.1 任务 1：设置版面 61

　4.4.2 任务 2：布局版面 63

　4.4.3 任务 3：设计报头 65

　4.4.4 任务 4：设置正文格式 66

　4.4.5 任务 5：插入形状和图片 67

　4.4.6 任务 6：设置分栏和文本框 68

4.5 总结与提高 70

4.6 拓展知识：国家最高科学技术奖获得者王选 71

4.7 习题 71

项目 5　毕业论文排版 73

5.1 项目导入 73

5.2 项目分析 74

5.3 相关知识点 76

5.4　项目实施 78
　　5.4.1　任务 1：设置页面和文档属性 78
　　5.4.2　任务 2：设置标题样式和多级列表 79
　　5.4.3　任务 3：添加题注和脚注 84
　　5.4.4　任务 4：自动生成目录和为论文分节 87
　　5.4.5　任务 5：添加页眉和页脚 88
　　5.4.6　任务 6：添加摘要和封面 92
　　5.4.7　任务 7：添加批注和修订 93
5.5　总结与提高 97
5.6　拓展知识：图灵奖获得者姚期智 98
5.7　习题 98

项目 6　信封和成绩单批量制作 102
6.1　项目导入 102
6.2　项目分析 103
6.3　相关知识点 105
6.4　项目实施 105
　　6.4.1　任务 1：批量制作信封 105
　　6.4.2　任务 2：批量制作成绩单 107
6.5　总结与提高 110
6.6　拓展知识：863 计划 111
6.7　习题 111

学习情境三　Excel 2019 高级应用

项目 7　学生成绩分析与统计 114
7.1　项目导入 114
7.2　项目分析 116
7.3　相关知识点 117
7.4　项目实施 120
　　7.4.1　任务 1：计算考勤分、作业平均分和总评分 120
　　7.4.2　任务 2：计算评级并统计期末成绩各分数段的学生人数 123
　　7.4.3　任务 3：设置表格格式 125
　　7.4.4　任务 4：筛选期末成绩不及格的学生信息并降序排列 126
　　7.4.5　任务 5：用图表显示期末成绩各分数段的学生人数 127
7.5　总结与提高 128
7.6　拓展知识：中国龙芯 129
7.7　习题 129

项目 8　工资表数据分析 132

8.1　项目导入 132

8.2　项目分析 133

8.3　相关知识点 135

8.4　项目实施 137

　8.4.1　任务 1：使用公式和函数计算计件工资 137

　8.4.2　任务 2：使用公式计算应发工资和实发工资 139

　8.4.3　任务 3：筛选实发工资在 3000～4000 元的员工信息 139

　8.4.4　任务 4：对各种产品的生产数量进行分类汇总 140

　8.4.5　任务 5：使用数据透视表统计各车间各种产品的生产数量 141

　8.4.6　任务 6：计算各车间的员工人数、总产值、人均产值及其排名 142

8.5　总结与提高 144

8.6　拓展知识：中国计算机事业奠基人夏培肃 145

8.7　习题 145

项目 9　水果超市销售数据分析 148

9.1　项目导入 148

9.2　项目分析 149

9.3　相关知识点 150

9.4　项目实施 151

　9.4.1　任务 1：查找进价、售价并计算销售额和毛利润 151

　9.4.2　任务 2：对销售额和毛利润进行分类汇总 154

　9.4.3　任务 3：使用数据透视表统计各区各种水果的销售情况 156

　9.4.4　任务 4：使用数据透视图统计各区各种水果的销售情况 158

　9.4.5　任务 5：设置数据验证 160

　9.4.6　任务 6：锁定单元格区域和保护工作表 162

9.5　总结与提高 163

9.6　拓展知识：中国巨型计算机事业开拓者金怡濂 169

9.7　习题 170

学习情境四　PowerPoint 2019 高级应用

项目 10　论文答辩稿制作 174

10.1　项目导入 174

10.2　项目分析 175

10.3　相关知识点 176

10.4　项目实施 177

　10.4.1　任务 1：制作 8 张幻灯片 177

　　10.4.2　任务 2：插入超链接和动作按钮 182
　　10.4.3　任务 3：设置页眉和页脚、动画效果、主题 184
　　10.4.4　任务 4：设置放映方式和打印演示文稿 187
　10.5　总结与提高 189
　10.6　拓展知识：华为鸿蒙操作系统 189
　10.7　习题 190

项目 11　学院简介演示文稿制作 192
　11.1　项目导入 192
　11.2　项目分析 193
　11.3　相关知识点 195
　11.4　项目实施 196
　　11.4.1　任务 1：设置母版 196
　　11.4.2　任务 2：制作幻灯片 197
　　11.4.3　任务 3：插入超链接和动作按钮 205
　　11.4.4　任务 4：插入日期、时间和幻灯片编号 206
　　11.4.5　任务 5：设置动画效果 206
　11.5　总结与提高 208
　11.6　拓展知识：量子计算机 208
　11.7　习题 209

项目 12　电子相册制作 211
　12.1　项目导入 211
　12.2　项目分析 212
　12.3　相关知识点 213
　12.4　项目实施 214
　　12.4.1　任务 1：创建电子相册 214
　　12.4.2　任务 2：添加背景音乐 216
　　12.4.3　任务 3：插入视频动画 216
　　12.4.4　任务 4：控制放映 218
　　12.4.5　任务 5：打包输出 220
　12.5　总结与提高 222
　12.6　拓展知识：中国计算机软件事业铺路人杨芙清院士 222
　12.7　习题 223

附录 A　Windows 10 和 Office 2019 的常用快捷键 225

参考文献 230

学习情境一

计算机基础知识

■ 项目 1　Windows 10 操作系统
■ 项目 2　信息检索

项目 1

Windows 10 操作系统

使用计算机完成各项任务需要借助操作系统，目前广为使用的操作系统之一是微软出品的 Windows 10，该操作系统旨在让人们的日常计算机操作更加简单和快捷，为人们提供高效、易行的工作环境。Windows 10 是应用于计算机的操作系统，于 2015 年 7 月 29 日正式发布。Windows 10 在易用性和安全性方面相比旧版本操作系统有了极大的提升，除对云服务、智能移动设备、自然人机交互等新技术进行了融合外，还对固态硬盘、生物识别、高分辨率屏幕等硬件进行了优化与支持。

本项目将以"Windows 10 文件管理与系统环境设置"为例，介绍如何在 Windows 10 中进行文件管理、磁盘管理、系统环境设置等方面的相关知识。

1.1 项目导入

小李临近大学毕业，需要撰写一篇名为《图书信息资料管理系统的研究与设计》的毕业论文。小李上网搜集并下载了各种与该论文有关的信息资料，但该论文的撰写进度不够理想。

小李的论文指导老师张老师发现小李的论文的撰写进度有些滞后，便去询问，通过小李的回复，张老师发现小李存在以下几个问题。

（1）在输入文字时速度比较慢，对中文输入法的用法不够熟悉。

（2）没有对下载的大量文件进行合理的分类，导致文件管理混乱。

（3）原本容量为 100GB 的系统盘（一般默认为 C 盘），只剩下 5GB 的容量可用，这使得系统和软件的运行速度变得十分缓慢。

（4）系统中只有小李自己使用的一个账户，其他同学也偶尔使用该账户共用小李的计算机，这使得该计算机的安全和隐私方面存在隐患。

1.2　项目分析

张老师对这些问题进行了详细的分析并向小李一一进行了讲解。

输入文字比较常用的方法是使用中文输入法。使用中文输入法简单、易学，效率较高。此外，还可以使用中文输入法输入一些特殊的符号。

管理文件通常采用类似管理图书的多级目录（文件夹）的组织形式。多级目录为树形结构，就是把目录按一定的类型进行分组，而每个分组又可以被划分为多个小组，层层细化，整个目录看上去像一棵倒置的树。应将各种文件分门别类地存放到各自的文件夹中，且文件和文件夹的命名要做到"见名知义"，这样既不会显得杂乱无章，又方便用户很快找到需要的文件。

关于系统和软件运行速度变慢的问题，系统和软件在运行过程中会产生很多临时文件，这些文件会挤占系统盘的可用空间，导致系统盘中的空闲空间越来越小，降低运行速度。Windows 10 提供了一些专门管理磁盘的工具，使用这些工具可以有效地提高系统的运行速度。

计算机管理员可以设立新账户，做到一个人一个账户，不同的账户有不同的操作环境，各个账户之间互不干扰，以提高计算机的安全性。

可以将上述张老师讲解的内容归纳为四大任务，即使用中文输入法（"微软拼音"输入法）、管理文件、管理磁盘、设置系统环境。Windows 10 文件管理与系统环境设置的操作流程如图 1-1 所示。

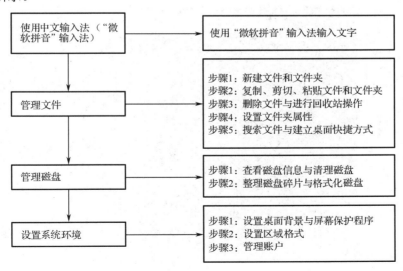

图 1-1　Windows 10 文件管理与系统环境设置的操作流程

1.3 相关知识点

1.3.1 Windows 10 简介

Windows 10 是由微软发布的一款图形化操作系统，支持 PC、平板计算机、智能手机和服务器等，共有家庭版（Home）、专业版（Professional）、企业版（Enterprise）、教育版（Education）、移动版（Mobile）、移动企业版（Mobile Enterprise）和物联网核心版（IoT Core）7 个版本。

Windows 10 综合了 Windows 7 和 Windows 8 的优点，将传统风格和现代风格有机地结合起来，兼顾了老版本用户的使用习惯，并且完美支持平板计算机。Windows 10 增加了智能助理小娜（Cortana），可以帮助用户更加方便地使用计算机。另外，Windows 10 提供了全新的 Edge 浏览器，来代替原来的 IE 浏览器；增加了云存储 OneDrive，用户可以将文件保存到云盘中，以便在不同设备中访问；还增加了通知中心，用户可以很方便地查看各个应用推送的信息。

启动 Windows 10 之后，可以看到桌面，如图 1-2 所示。桌面由桌面背景、桌面图标和任务栏组成。桌面背景是 Windows 10 的背景图片，用户可以根据个人喜好进行设置。桌面图标一般由文字和图片组成，代表某些程序或文件，新安装的系统只有一个"回收站"图标。任务栏一般是位于桌面底部的长条区域，由"开始"按钮、搜索框、快速启动区、系统图标显示区、通知区等组成。

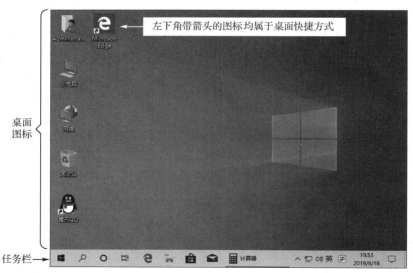

图 1-2 Windows 10 桌面

Administrator：计算机管理员个人文件默认的存放区，是一个文件夹。

此电脑：用户使用的这台计算机，计算机管理员可以查看并管理计算机中的所有资源。

网络：用于查看活动网络和更改网络设置。

回收站：用于暂时存放被删除的文件或其他对象，只要不是彻底删除，一般删除的文件都会被存放到回收站中，回收站中的文件某些条件下可以还原。

Microsoft Edge：以一个"e"图标显示，用于浏览网站信息。

各个程序的快捷方式图标：快捷方式有很多种，桌面上出现的左下角带箭头的图标均属于桌面快捷方式，实际上是与它对应的对象建立了超链接。删除或移动桌面快捷方式不会影响对象本身的内容和位置。要想打开某个应用，只要双击该应用的快捷方式图标即可。"开始"菜单中出现的属于菜单快捷方式，桌面左下角出现的图标属于桌面启动快捷方式。一般安装完一个程序之后，会默认建立一个桌面快捷方式，用户也可以自己为某些程序建立桌面快捷方式。

1.3.2　文件系统及管理文件

1. 文件系统

文件是相关信息的集合，是操作系统用来存储和管理信息的基本单位。计算机中的所有信息均被存放在文件中。文件系统是操作系统对文件命名、存储和组织的总体结构，尽管也支持 FAT32 文件系统，但是 Windows 10 推荐用户使用的是 NTFS（New Technology File System），NTFS 更为安全、可靠。

2. Windows 10 文件目录

Windows 10 文件目录采用类似图书管理的多级目录的组织形式，如图 1-3 所示。

磁盘的第一级目录被称为根目录，即磁盘的分区编号。用户新购买的计算机，在安装操作系统时往往要先对磁盘进行分区，即把磁盘分成若干驱动器，如 C 盘、D 盘、E 盘等，可以自行定义每个驱动器的名称、空间大小。C 盘必须独立出来，因为一旦系统崩溃，存放在 C 盘中的文件可能会全部丢失，在一般情况下不要将重要文件存放在 C 盘中。以下是某个用户的计算机中容量为 500GB 的磁盘的分区和使用情况。

C 盘：系统盘，100GB，用于存放系统文件和一些临时、不重要的文件。

D 盘：工具盘，150GB，用于存放一些从网上下载的软件和用户自己工作用的文件。

E 盘：娱乐盘，150GB，用于存放一些游戏软件、电影文件、音乐文件等。

F 盘：备份盘，100GB，用于存放系统的备份文件，以便在系统崩溃时还原系统。

3. 文件的命名

每个文件都有名称，文件名由主文件名和文件扩展名组成，主文件名与文件扩展名之间用"."分隔，如"setup.exe""通讯录.docx"等。Windows 10 对文件和文件夹的命名进行了限制，当输入不合规的名称时，Windows 10 会出现如图 1-4 所示的提示信息，即在文件名中不能使用"\""/"":""*""?""""<"">""|"共 9 个字符。主文件名最多可以为 255 个字符（可以包含空格）。除文件夹没有扩展名外，文件夹的命名规则与文件的命名规则相同。

图 1-3　文件目录的组织形式	图 1-4　出现的提示信息

文件扩展名标明了文件的类型，不同类型的文件使用不同的程序打开。常见的文件扩展名如表 1-1 所示。

表 1-1　常见的文件扩展名

扩 展 名	文 件 类 型	扩 展 名	文 件 类 型	扩 展 名	文 件 类 型
.exe	可执行程序文件	.pptx	PowerPoint 2019 演示文稿	.hlp	帮助文件
.htm	超文本网页文件	.mp3	音乐文件	.txt	文本文件
.docx	Word 2019 文档	.jpeg	图片文件	.rar	WinRAR 压缩文件
.xlsx	Excel 2019 电子表格	.accdb	Access 2019 数据库文件	.c	C 语言源程序文件

此外，操作系统为了便于对一些标准的外部设备进行管理，已经对这些设备进行了命名。因此，用户不能使用这些设备名作为文件名。常见的设备名如表 1-2 所示。

表 1-2　常见的设备名

设 备 名	含 义	设 备 名	含 义
CON	控制台：键盘/显示器	LPT1/PRN	第 1 台并行打印机
COM1/AUX	第 1 个串行接口	COM2	第 2 个串行接口

在 DOS 或 Windows 10 中，允许使用文件通配符表示主文件名或文件扩展名，文件通配符有 "*" 和 "?"，其中 "*" 表示任意一串字符（≥0 个字符），"?" 表示任意一个字符。

同一个文件夹中不能有同名的文件，而不同的文件夹中可以有同名的文件。此外，不同的驱动器中也可以有同名的文件。

4．剪贴板的作用

在计算机中，复制是不需要成本的，这跟现实世界有很大的区别。那么这是如何实现的呢？当执行复制操作时，复制的信息被临时性地存放到剪贴板中，剪贴板是计算机内存中的一块区域，当执行粘贴操作时，剪贴板中的信息会被存放到指定位置。

在 Windows 10 中剪贴板无处不在，由于剪贴板中的信息在被其他信息替换或退出 Windows 10 前一直保留在剪贴板中，因此剪贴板中的内容可以多次粘贴。

1.3.3　管理磁盘

Windows 10 附带了一些专门用来管理磁盘的工具。其功能主要如下。

1. 格式化磁盘

格式化磁盘指在磁盘上建立标准的磁盘记录格式，划分磁道（Track）和扇区（Sector），检查坏块等。由于格式化磁盘后会清除磁盘中保存的所有信息，因此不可轻易格式化磁盘。

2. 查看磁盘信息

查看磁盘信息指查看各个磁盘分区的相关信息，如磁盘的文件系统、已用空间、可用空间、容量等。

3. 清理磁盘

清理磁盘指清理回收站、临时文件夹等中的内容或对其进行压缩，起到回收磁盘空间的作用。

4. 整理磁盘碎片

在磁盘中反复进行添加、删除文件等操作之后，会留下众多大小不一的空白区域。此后，当需要将一个较大容量的文件存储到磁盘中时，该文件会被不连续地存储在这些空白区域中，从而使得磁盘的访问速度大大减慢。整理磁盘碎片就是把原本存储在不连续空间区域中的文件集中存放，有利于加快磁盘的读取速度。整理磁盘碎片可能需要耗费较长的时间。

1.3.4　浏览器

浏览器是万维网服务器的客户端浏览程序，可以向万维网的服务器发送各种请求，并对从服务器发来的超文本和各种多媒体数据格式进行解释、显示与播放。目前，常用的浏览器主要有微软的 Edge 浏览器、Mozilla 的 Firefox 浏览器等。

Edge 浏览器的工作界面主要由选项卡、地址栏、工具栏、网页浏览区等组成，如图 1-5 所示。

图 1-5　Edge 浏览器的工作界面

- 选项卡：在打开多个网页时，可以通过单击选项卡来快速切换至所需网页。
- 地址栏：在地址栏中输入网址，按 Enter 键就可以打开网页。
- 工具栏：用于显示浏览网页时常用的工具按钮（"收藏夹""设置及其他"等按钮）。
- 网页浏览区：浏览网页的主要区域，用于显示当前网页中的内容，包括文字、图片、音频及视频等。

1.4 项目实施

1.4.1 任务 1：使用中文输入法（"微软拼音"输入法）

在"记事本"窗口中，使用"微软拼音"输入法输入如图 1-6 所示的文字。

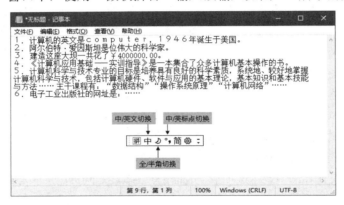

图 1-6 输入文字

步骤 1：选择"开始"→"Windows 附件"→"记事本"命令，打开"记事本"窗口，单击桌面右下角的"输入法"按钮，选择"微软拼音"输入法。

步骤 2：按快捷键 Shift+Space，切换到中文全角状态，输入如图 1-6 所示的文字。

【说明】（1）在输入单个文字时，一般采用"全拼"的方法，即将该文字的拼音全部输入。例如，要输入"址"，应输入"zhi"，在输入法候选提示框首页中没有出现该文字，按 4 次"+"键翻到第 5 页，在第 1 个位置出现文字"址"，按 1 键，即可完成该文字的输入。

（2）在输入中文词组时，一般采用"首个文字全拼+其余文字输入首字母"的方法。例如，要输入"计算机"，应输入"jisj"，出现文字"计算机"时，按 Space 键，即完成该中文词组的输入。要输入其他词组，如"出版社""爱因斯坦""系统"等，可以使用同样的方法处理。

（3）"ｃｏｍｐｕｔｅｒ"是英文全角字符串，需要先按 Shift 键切换到英文状态，再按快捷键 Shift+Space 切换到全角状态，在输入法状态条中出现英 ● 图标后即可输入该字符串。

（4）要输入中文标点符号，如"、""。""《""》""……""—"等，需要事先按快捷键 Ctrl+.切换到中文标点符号状态，否则出现的是英文标点符号。

（5）按快捷键 Ctrl+Space 可以快速实现中文输入法与英文输入法之间的切换。

（6）输入中文标点符号的快捷键如表 1-3 所示。

表 1-3　输入中文标点符号的快捷键

标 点 符 号	对应的快捷键	标 点 符 号	对应的快捷键
、	\	……	Shift+6
·	Shift+2 或～	《	Shift+〈
￥	Shift+4	——	Shift+－

1.4.2　任务 2：管理文件

扫一扫

微课：管理文件

1. 新建文件和文件夹

先打开"此电脑"窗口，在 D 盘根目录中建立一个文件夹，并将其命名为"毕业论文"，最终建立如图 1-7 所示的文件夹的树形结构。文件夹建立完成之后，先在"毕业论文"文件夹中新建一个文件，将其命名为"图书信息资料管理系统的研究与设计.docx"，再在"技术参考"文件夹中新建一个文件，将其命名为"数据管理系统的要求.pptx"。

步骤 1：双击桌面上的"此电脑"图标，打开"此电脑"窗口，在窗口左侧的导航窗格中，选择"本地磁盘（D：）"选项，进入 D 盘根目录；右击右侧窗格的空白区域，在弹出的快捷菜单中选择"新建"→"文件夹"命令，出现如图 1-8 所示的"新建文件夹"文本框，输入"毕业论文"即可。

图 1-7　文件夹的树形结构

新建文件夹

图 1-8　"新建文件夹"文本框

步骤 2：参考步骤 1，建立其他文件夹。

步骤 3：打开"毕业论文"文件夹，右击空白处，在弹出的快捷菜单中选择"新建"→"Microsoft Word 文档"命令，输入"图书信息资料管理系统的研究与设计.docx"。

步骤 4：打开"技术参考"文件夹，右击空白处，在弹出的快捷菜单中选择"新建"→"Microsoft PowerPoint 演示文稿"命令，输入"数据管理系统的要求.pptx"。

【说明】Windows 10 默认不显示文件扩展名，若要显示文件扩展名，则应在"查看"选项卡中勾选"文件扩展名"复选框。

对于新建文件，还可以通过先打开文件的应用程序并编辑内容，再保存的方法来实现。

2．复制、剪切、粘贴文件和文件夹

将"图书信息资料管理系统的研究与设计.docx"文件复制到"论文参考"文件夹中；将"论文参考"文件夹剪切到"毕业论文"文件夹中；将"论文参考"文件夹的名称更改为"论文版本"；将"需求分析"文件夹中的2个子文件夹移动到"参考资料"文件夹中。

步骤1：先在"毕业论文"文件夹中，选择"图书信息资料管理系统的研究与设计.docx"文件，按快捷键Ctrl+C进行复制，再打开"论文参考"文件夹，按快捷键Ctrl+V进行粘贴。

步骤2：在"参考资料"文件夹中，选择"论文参考"文件夹，在"主页"选项卡中，单击"剪切"按钮，右击"毕业论文"文件夹空白处，在弹出的快捷菜单中选择"粘贴"命令。

步骤3：右击"论文参考"文件夹，在弹出的快捷菜单中选择"重命名"命令，输入"论文版本"。

步骤4：打开"需求分析"文件夹，按住Ctrl键的同时连续单击其中的2个子文件夹，按住鼠标左键将其拖动到"此电脑"左侧导航窗格中的"参考资料"文件夹中，松开鼠标左键。

【说明】（1）在Windows 10中，对文件和文件夹的操作必须遵循的原则是"先选择，后操作"。一次可以选择一个或多个文件或文件夹，选择后的文件或文件夹以突出方式显示。

（2）选择连续多个文件的方法是，先单击第一个要选择的文件，再按住Shift键的同时单击最后一个要选择的文件，这样就能快速选择这两个文件之间（包含这两个文件）的多个文件了。如果要选择任意几个不连续的文件，那么应按住Ctrl键的同时依次单击要选择的文件。若直接按快捷键Ctrl+A，则会自动全选该文件夹或磁盘内的所有文件。另外，"主页"选项卡中还有一个"反向选择"按钮，用户可以根据需要自行使用。

（3）除可以使用快捷键和"主页"选项卡中的相关按钮来进行复制、剪切、粘贴外，还可以通过右击对象，在弹出的快捷菜单中选择相关命令进行复制、剪切、粘贴。

3．删除文件与进行回收站操作

将"毕业论文"文件夹中的"图书信息资料管理系统的研究与设计.docx"文件和"需求分析"文件夹删除到回收站中，将"可行性分析"文件夹永久删除；打开回收站，查看已删除的文件和文件夹，并将"需求分析"文件夹还原。

步骤1：在"毕业论文"文件夹中，选择"图书信息资料管理系统的研究与设计.docx"文件，按Delete键，该文件即被移入回收站，按相同的方法删除"需求分析"文件夹。选择"可行性分析"文件夹，按快捷键Shift+Delete，弹出"删除文件夹"对话框，单击"是"按钮确认删除，即永久删除此文件夹。

步骤2：双击桌面上的"回收站"图标，可以看到回收站中有刚被删除的一个文件和一个文件夹，选择"需求分析"文件夹，在"回收站工具"选项卡中，单击"还原选定的项目"按钮，即可将该文件夹还原。

【说明】若按快捷键Shift+Delete删除文件，则该文件不可被还原；若将回收站中的文件删除，则该文件也不可被还原。

4．设置文件夹属性

先将"毕业论文"文件夹的属性设置为"隐藏"，再将该文件夹恢复可见。

步骤 1：右击"毕业论文"文件夹，在弹出的快捷菜单中选择"属性"命令，在"常规"选项卡中勾选"隐藏"复选框，单击"确定"按钮，如图 1-9 所示。

步骤 2：在弹出的"确认属性更改"对话框中，选中"将更改应用于此文件夹、子文件夹和文件"单选按钮，单击"确定"按钮，如图 1-10 所示。此时，"毕业论文"文件夹就被隐藏了。

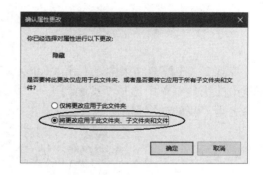

图 1-9　设置"隐藏"属性　　　　　　　图 1-10　"确认属性更改"对话框

步骤 3：在"查看"选项卡中，勾选"隐藏的项目"复选框，即可显示隐藏的文件或文件夹（图标颜色变淡），如图 1-11 所示。

图 1-11　设置隐藏的文件或文件夹可见

【说明】　在如图 1-11 所示的窗口中，可以设置显示已知类型的文件扩展名。

5．搜索文件与建立桌面快捷方式

在 C 盘中搜索计算器程序文件 calc.exe，为 calc.exe 文件建立一个桌面快捷方式，将其命名为"我的计算器"；搜索记事本程序文件 notepad.exe，为 notepad.exe 文件建立一个桌面快捷方式，将其命名为"My 记事本"，放到 C:\ProgramData\Microsoft\Windows\Start Menu\Programs\StartUp 文件夹中。

步骤 1：选择"此电脑"窗口中的"本地磁盘（C:）"选项，在窗口右上角的搜索框中输

入"calc.exe"后按 Enter 键，稍后便出现搜索结果，如图 1-12 所示。

图 1-12　搜索结果

步骤 2：在搜索结果中，右击"calc.exe"文件（位于 C:\Windows\System32 文件夹中），在弹出的快捷菜单中选择"发送到"→"桌面快捷方式"命令，如图 1-13 所示。重命名快捷方式名为"我的计算器"。

图 1-13　发送到桌面快捷方式

步骤 3：参照步骤 1 和步骤 2 的讲解，为 notepad.exe 文件创建一个桌面快捷方式，并将其命名为"My 记事本"。

步骤 4：打开 C:\ProgramData\Microsoft\Windows\Start Menu\Programs\StartUp 文件夹，拖动桌面快捷方式"My 记事本"到该文件夹中。

【说明】C:\ProgramData\Microsoft\Windows\Start Menu\Programs\StartUp 文件夹中的程序或快捷方式在开机时会自动运行。

1.4.3 任务 3：管理磁盘

扫一扫

微课：管理磁盘

1. 查看磁盘信息与清理磁盘

查看 C 盘信息，观察 C 盘的文件系统及空间大小；清理 C 盘中的垃圾文件。

步骤 1：右击"此电脑"窗口中的"本地磁盘（C:）"选项，在弹出的快捷菜单中选择"属性"命令，打开"本地磁盘（C:）属性"对话框，在"常规"选项卡中可以看到 C 盘的文件系统、已用空间、可用空间和容量等磁盘信息，如图 1-14 所示。

步骤 2：单击"磁盘清理"按钮，打开"（C:）的磁盘清理"对话框，如图 1-15 所示。

图 1-14 "本地磁盘（C:）属性"对话框   图 1-15 "（C:）的磁盘清理"对话框

步骤 3：勾选要删除的文件复选框，如"已下载的程序文件""Internet 临时文件"等，单击"确定"按钮，在弹出的对话框中，单击"删除文件"按钮，确认永久删除这些文件。此时，系统会执行磁盘清理操作。执行磁盘清理操作可能需要花费一定的时间。

2. 整理磁盘碎片与格式化磁盘

分析 D 盘的磁盘碎片的状况，并对 D 盘的磁盘碎片进行整理；对 E 盘进行格式化。

步骤 1：在"本地磁盘（C:）属性"对话框的"工具"选项卡中，单击"优化"按钮，如图 1-16 所示。打开"优化驱动器"窗口，如图 1-17 所示。

图 1-16 "工具"选项卡

图 1-17 "优化驱动器"窗口

图 1-18 格式化磁盘

步骤 2：选择"（D:）"选项，单击"分析"按钮，经过分析之后，会显示该磁盘碎片所占的百分比，单击"优化"按钮，即可对该磁盘的碎片进行整理。

整理磁盘碎片会消耗很长的时间，磁盘空间越大、碎片越多，耗时越久。经常整理磁盘碎片，会影响磁盘的寿命。

步骤 3：右击"此电脑"窗口中的"本地磁盘（E:）"选项，在弹出的快捷菜单中选择"格式化"命令，在打开的对话框中选择"文件系统"为"NTFS（默认）"，"分配单元大小"为"4096 字节"，勾选"快速格式化"复选框，单击"开始"按钮，开始格式化磁盘，如图 1-18 所示。

微课：设置系统环境

1.4.4 任务 4：设置系统环境

1. 设置桌面背景与屏幕保护程序

设置计算机的桌面背景为图片"视窗"，显示方式为"拉伸"；设置屏幕保护程序为"彩带"，等待 10 分钟，恢复时显示登录屏幕。

步骤 1：右击桌面空白处，在弹出的快捷菜单中选择"个性化"命令，在打开的"设置"窗口中，设置"选择图片"为"视窗"，并设置"选择契合度"为"拉伸"，如图 1-19 所示。

步骤 2：在"设置"窗口左侧的导航窗格中选择"锁屏界面"选项，在右侧"锁屏界面"窗格中单击"屏幕保护程序设置"链接，如图 1-20 所示。

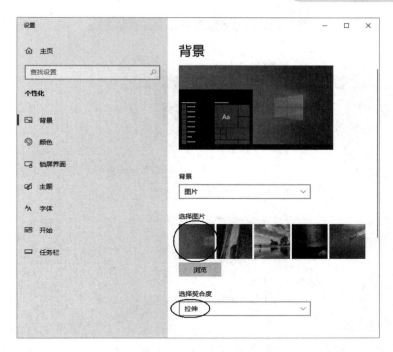

图 1-19　"设置"窗口

图 1-20　"锁屏界面"窗格

步骤 3：在打开的"屏幕保护程序设置"对话框中，设置"屏幕保护程序"为"彩带"，在"等待"数值框中输入"10"，并勾选"在恢复时显示登录屏幕"复选框，单击"确定"按钮，如图 1-21 所示。

图 1-21　"屏幕保护程序设置"对话框

2. 设置区域格式

设置区域的小数位数为 2，货币格式为¥1.1，长时间格式为 H:mm:ss，短日期格式为 yyyy/M/d。

步骤 1：选择"开始"→"Windows 系统"→"控制面板"命令，在打开的"控制面板"窗口中，单击"更改日期、时间或数字格式"链接，打开"区域"对话框，如图 1-22 所示。

步骤 2：在"格式"选项卡中，单击"其他设置"按钮，打开"自定义格式"对话框，如图 1-23 所示。

图 1-22　"区域"对话框

图 1-23　"自定义格式"对话框

步骤 3：分别在"数字""货币""时间""日期"选项卡中设置小数位数为 2，货币格式为¥1.1，长时间格式为 H:mm:ss，短日期格式为 yyyy/M/d。设置完成后，单击"确定"按钮。

3. 管理账户

为计算机新增一个本地账户，设置用户名为 student，密码为 123456。

步骤 1：右击桌面上的"此电脑"图标，在弹出的快捷菜单中选择"管理"命令，打开"计算机管理"窗口，选择左侧窗格中的"本地用户和组"→"用户"选项，右击中间窗格空白处，在弹出的快捷菜单中选择"新用户"命令，如图 1-24 所示①。

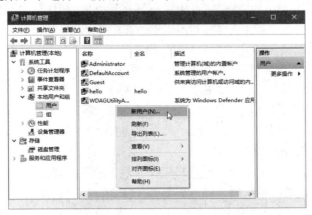

图 1-24　"计算机管理"窗口

步骤 2：在打开的"新用户"对话框中，输入用户名（student）和密码（123456），单击"创建"按钮，创建完成后单击"关闭"按钮，如图 1-25 所示。

步骤 3：在"开始"菜单中单击本地账户头像，在弹出的菜单中选择"student"命令，即可切换到新用户的账户界面（原用户的账户未被注销），如图 1-26 所示。

图 1-25　"新用户"对话框　　　　　　图 1-26　切换账户界面

如果选择"注销"命令，那么先退出当前用户的账户，再选择某一用户账户登录系统。

---

① 图 1-24 中的"帐户"的正确写法应为"账户"，后文同。

1.5 总结与提高

Windows 10 是由微软发布的一款视窗操作系统，简单、易学，深受广大用户欢迎。要熟练掌握 Windows 10 的操作，必须勤学多练。同时，Windows 10 对于同样的任务提供了多种操作方法，用户可以根据个人喜好使用合适的方法完成操作。Windows 10 的基本操作主要有两大块，分别是管理文件和设置系统环境。

对于管理文件，用户必须先明白所要操作文件的名称、类型、所在文件夹，再进行打开、重命名、复制、剪切、删除、移动等操作；对于粘贴操作，用户只有对文件进行复制或剪切之后才可以进行，且每次粘贴的文件都是最近一次复制或剪切的文件。在进行这些操作时应掌握一些快捷键，如 Ctrl+C（复制）、Ctrl+X（剪切）、Ctrl+V（粘贴）、Ctrl+Z（撤销）等。使用快捷键可以加快操作的速度。

设置系统环境包括设置桌面背景与屏幕保护程序、设置区域格式、管理账户，通过设置系统环境可以帮助用户完成对系统的各项性能参数的修改，使系统更加符合用户的要求。

另外，Windows 10 附带了许多实用工具。下面介绍几款常用的工具。

1. 记事本

记事本是一个简单的文本编辑器，其文件扩展名为.txt。记事本不提供复杂的排版与打印格式，不包含任何格式符、控制符和图形，只支持基本的字符，功能比较简单，适用于基本的文本编辑。

2. 画图工具

画图工具是 Windows 10 中常用的工具，使用该工具可以绘制、编辑图片，以及为图片着色。用户可以像使用数字画板那样使用画图工具来绘制简单的图片、完成有创意的设计，或将文本和设计图案添加到其他图片（如那些用数码相机拍摄的照片）上。

画图工具存放于和记事本相同的目录中，是 Windows 中简单、实用的图形处理工具，其文件扩展名默认为.png，也可以将图片保存为.bmp、.jpg、.gif、.tif 等图形格式。

"画图"窗口的功能区中有很多画图工具，使用起来非常方便。可以使用这些画图工具手动画图，并向图片中添加各种形状。在需要使用某个画图工具时，应先单击该画图工具（鼠标指针会根据选择的画图工具而改变形状），再将鼠标指针移动到绘图区域进行相应操作。"画图"窗口如图 1-27 所示。

3. Windows Media Player

使用 Windows Media Player 可以查找和播放计算机或网络上的数字媒体文件、播放 CD和 DVD，以及浏览来自网络上的数字媒体内容。此外，使用 Windows Media Player 还可以从 CD 中翻录音乐，将喜爱的音乐刻录成 CD，将数字媒体文件同步到便携设备上，以及通过在线商店查找和购买网络上的内容。

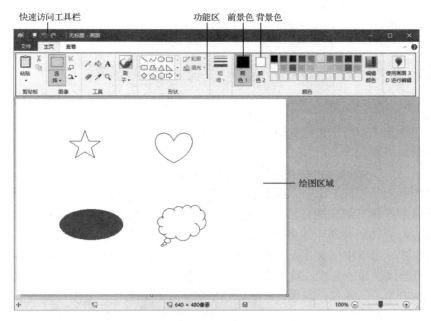

图 1-27 　"画图"窗口

使用 Windows Media Player，可以在以下两种模式之间进行切换："媒体库"模式（通过此模式，可以全面控制"Windows Media Player"窗口中的大多数功能）、"正在播放"模式（提供适合播放的简化媒体视图）。

要从"媒体库"模式转至"正在播放"模式，只需单击"Windows Media Player"窗口右下角的"切换到正在播放"按钮，如图 1-28 所示。若要返回"媒体库"模式，则应单击"Windows Media Player"窗口右上角的"切换到媒体库"按钮。

图 1-28 　"Windows Media Player"窗口

1.6　拓展知识：国产操作系统"银河麒麟"

当前，市场中 PC 操作系统以微软的 Windows 和苹果的 macOS 为主，我国的国产操作系统也在不断改进和完善。

银河麒麟是由国防科技大学、中软、联想、浪潮和民族恒星合作研制的闭源服务器操作系统。此操作系统是"863 计划"重大攻关科研项目，目标是打破国外操作系统的垄断，研发一套中国自主知识产权的服务器操作系统。银河麒麟完全版共包括实时版、安全版、服务器版 3 个版本，简化版是基于服务器版简化而成的。

麒麟软件被称为操作系统"国家队"，2019 年底由天津麒麟和中标软件整合而来，该公司发布的银河麒麟操作系统 V10，被评为"2020 年度央企十大国之重器"之一。进入 2022 年，麒麟软件相继与龙芯、兆芯、联通、浪潮、新华等企业展开合作，适配产品数量突破 70 万。

1.7　习题

一、选择题

1. 操作系统是_____的接口。

    A．用户与软件　　　　　　　　　　B．系统软件与应用软件

    C．主机与外部设备　　　　　　　　D．用户与计算机

2. Windows 10 是一个_____。

    A．单用户多任务操作系统　　　　　B．单用户单任务操作系统

    C．多用户单任务操作系统　　　　　D．多用户多任务操作系统

3. 记录在磁盘上的一组相关信息的集合被称为_____。

    A．数据　　　　　B．外存　　　　　C．文件　　　　　D．内存

4. Windows 10 提供了长文件命名的方法，一个文件名最多_____个字符。

    A．可达 200 多　　B．不超过 200　　C．不超过 100　　D．可达 8

5. 根据文件命名的规则，下列字符串中合规的文件名是_____。

    A．ADC*.fnt　　　B．#ASK%.sbc　　C．CON.bat　　D．SAQ/.txt

6. Windows 10 的文件夹组织形式是一种_____。

    A．表格结构　　　B．树形结构　　　C．网状结构　　D．球状结构

7. 在 Windows 10 中，文件夹中包含_____。

    A．文件　　　　　　　　　　　　　B．根目录

    C．文件和子文件夹　　　　　　　　D．子文件夹

8．在 Windows 10 中，桌面指＿＿＿＿＿＿＿。

    A．计算机　　　　　　　　　　　　B．活动窗口

    C．"资源管理器"窗口　　　　　　　D．窗口、图标、对话框所在屏幕

9．在退出 Windows 10 时，直接关闭计算机电源可能产生的后果是＿＿＿＿＿＿＿。

    A．破坏尚未被保存的文件　　　　　B．破坏临时设置

    C．破坏某些程序的数据　　　　　　D．以上都对

10．以下为使用计算机的不良习惯的是＿＿＿＿＿＿＿。

    A．将用户文件建立在所用系统软件的子目录中

    B．对重要的数据常进行备份

    C．关机前退出所有应用程序

    D．使用标准的文件扩展名

二、实践操作题

1．设置任务栏的属性：自动隐藏任务栏、锁定任务栏、使用小图标、始终合并任务栏按钮。

2．排列窗口：先打开多个窗口，再通过右击任务栏空白处来实现窗口的 3 种排列方式，即层叠显示窗口、堆叠显示窗口、并排显示窗口。

3．打开一个窗口，练习窗口最小化、最大化、还原、移动、调整大小等操作。

4．将屏幕分辨率设置为 800 像素×600 像素或 1024 像素×768 像素，观察结果；更改桌面背景，设置"选择契合度"为"拉伸"；设置"屏幕保护程序"为"变幻线"，勾选"在恢复时显示登录屏幕"复选框，在"等待"数值框中输入"5"。

5．搜索 calc.exe 文件，观察该文件所在的目录，为其建立桌面快捷方式，并将快捷方式命名为"我的计算器"。

6．选择"开始"→"Windows 附件"命令，在弹出的下拉菜单中找到"画图"命令，将其固定到"开始"屏幕。

7．在 D 盘中，先建立一个以自己姓名命名的文件夹，再建立一个 AA.txt 文件，将 AA.txt 文件剪切并粘贴到这个以自己姓名命名的文件夹中。

8．在 D 盘中，建立一个以自己班级名命名的文件夹，并将上一题中建立的文件夹复制并粘贴到以自己班级名命名的文件夹中。

9．建立一个本地账户，将其命名为 AA，并设置密码为 123。

10．设置系统的长时间格式为 H:mm:ss，货币符号为$。

11．先将第 7 题中建立的文件夹的属性设置为"隐藏"，再取消其"隐藏"属性将其显示出来。

12．查看附录 A 的附表 1 中 Windows 10 的常用快捷键，对几个常用的快捷键进行操作。

项目 2

信息检索

当今社会是一个高度信息化的社会，人们进行各种活动会产生大量信息，人们每天各项活动的顺利开展，如工作、学习、生活等都离不开大量信息的支持。因此，学会检索信息是保证各项活动顺利开展的重要前提之一。本项目将介绍信息检索概述、常用的信息检索方法等内容。

2.1　项目导入

小李临近大学毕业，需要撰写有关人工智能的深度学习算法方面的毕业论文。撰写毕业论文之前，需要查阅大量的参考文献和其他有关资料。那么如何快速且精确地搜索相关文献和资料呢？

2.2　项目分析

信息是一种重要的资源、机遇和资本，也是智慧的源泉。除了可以通过传统的纸质图书、期刊、工具书等进行信息检索，更快速、有效的途径是通过计算机进行信息检索。进行信息检索常通过百度、谷歌等搜索引擎实现，更专业的是通过中国知网、万方数据知识服务平台等专用检索平台实现。学会信息检索是处于信息时代的每个人应必备的技能。

2.3 相关知识点

2.3.1 信息检索概述

1. 什么是信息检索

信息是按一定的方式进行加工、整理、组织并存储起来的。通俗来讲，信息检索（Information Retrieval）是人们根据特定的需要将相关信息准确地查找出来的过程，也可以说是人们进行信息查询和获取的主要方式、方法和手段的总称。从专业的角度来讲，信息检索有狭义和广义之分。狭义的信息检索仅指信息查询（Information Search 或 Information Seek）。广义的信息检索指将信息先按一定的方式进行加工、整理、组织并存储，再根据用户特定的需要准确地查找出来的过程，包括信息的存储与检索。在一般情况下，信息检索指广义的信息检索。

2. 信息检索分类

（1）按存储与检索对象划分，信息检索可以分为文献检索、数据检索和事实检索。

① 文献检索。文献检索（Document Retrieval）指以文献为查找对象，从各种文献中查找用户需要的信息，如查找"人工智能神经网络的参考文献有哪些"。

② 数据检索。数据检索（Data Retrieval）指使用检索工具（工具书、数据库等）查找用户需要的数据、公式、图表等信息，检索结果是数据，如查找"1 海里等于几千米"。

③ 事实检索。事实检索（Fact Retrieval）指使用检索工具从存储事实的信息系统中查找出特定的事实，检索结果是事实，如查找"中国最古老的桥是哪座"。

（2）按检索方式划分，信息检索可以分为手工检索（手检）和计算机检索（机检）。

① 手工检索。手工检索（Manual Retrieval）指人们使用目录、文摘、索引等检索工具，通过手工查找进行的信息检索。手工检索费时、费力，检索效率低。

② 计算机检索。计算机检索（Computer-based Retrieval）指人们使用数据库、计算机软件、网络技术和通信系统进行的信息检索。与手工检索相比，计算机检索的速度快、效率高、查全率高、不受时空限制、检索结果多样，是目前的主流信息检索方式。

3. 信息检索的基本流程

信息检索的实质是一个匹配过程，也就是信息用户需求的"主题概念"或"检索表达式"同一定信息系统的语言相匹配的过程。如果二者匹配，那么所需信息会被检中，否则检索失败。匹配有多种形式，既可以完全匹配，又可以部分匹配，主要取决于用户需求。

进行信息检索包括 3 个主要环节：信息内容分析与编码，产生信息记录及检索标识；组织存储，将全部信息按文件、数据库等形式组成有序的集合；用户提问处理和检索输出。

信息检索的基本流程有以下 5 个步骤。

（1）确定检索需求，指的是要明确究竟要查找什么信息，信息的类型和格式是什么，尤其是要把相关专业术语和技术都弄清楚。

（2）选择检索系统，指的是从众多的检索系统中选出与检索需求相适应的检索系统，注意选出的检索系统可能不止一个。

（3）确定检索方法，指的是根据检索需求预先确定检索词，编写检索表达式，也可以说是确定检索策略。

（4）进行具体检索，指的是在检索系统中按预先确定的检索方法进行信息检索。

（5）整理检索结果，指的是对检索出的信息进行分析、列表、合并、排版及添加必要的评述。

以上信息检索的基本流程并不是按直线自上而下的顺序进行的，有时根据结果需要更换检索系统或调整检索表达式，重新进行信息检索，有时可能需要反复多次进行信息检索，直到检索结果满意为止。

2.3.2　常用的信息检索方法

1. 布尔逻辑检索

常用的布尔逻辑检索的逻辑运算有逻辑"与"运算、逻辑"或"运算和逻辑"非"运算3 种。3 种运算都有对应的运算符。

（1）逻辑"与"。逻辑"与"用符号 AND 或"*"表示，是一种具有概念交叉或概念限定关系的组配，用于提高查准率。

（2）逻辑"或"。逻辑"或"用符号 OR 或"＋"表示，是一种具有概念并列关系的组配，用于扩大检索范围，提高查全率。

（3）逻辑"非"。逻辑"非"用符号 NOT 或"－"表示，是一种具有概念排除关系的组配，用于提高查准率，影响查全率。

3 种逻辑运算可以形象地用图 2-1 来表示。

阴影部分表示运算结果

图 2-1　3 种逻辑运算

下面以检索词"人工智能"和"无人驾驶"来说明。

"人工智能"AND"无人驾驶"，表示同时含有这两个检索词的文献被选中。

"人工智能"OR"无人驾驶"，表示含有其中一个或同时含有这两个检索词的文献被选中。

"人工智能"NOT"无人驾驶"，表示含有"人工智能"检索词但不含有"无人驾驶"检索词的文献被选中。

2. 截词检索

截词检索是预防漏检且提高查全率的一种常用的信息检索方法。截词检索就是用截断的词的一部分进行的检索，认为凡满足这个词中的任意字符（串）的文献，都为命中的文献。

按截断的位置来分，截词有前截断、中截断、后截断 3 种类型。不同的系统所用的截词符也不同，常用的有"*""?"等。通常"*"表示 0～n 个字符，"？"表示 1 个字符。

例如，输入"comput*"，可以检索出 computer、computers、computing 等以 comput 开头的单词及由其构成的短语。

3. 位置检索

位置检索是用一些特定的算符（位置算符）来表达一个检索词与另一个检索词之间的顺序和词间距的检索。位置算符有"(W)""(nw)""(N)""(nN)""(F)""(S)"等。

（1）(W)。W 的含义为 With，表示此算符两侧的检索词必须紧密相连，除空格和标点符号外，不得插入其他词或字母，两个词的词序不可以颠倒。例如，当检索式为 communication (W) satellite 时，系统只检索含有词组 communication satellite 的记录。

（2）(nw)。w 的含义为 word，表示此算符两侧的检索词必须按此前后邻接的顺序排列，顺序不可颠倒，并且检索词之间最多有 n 个其他词。例如，当检索式为 laser (1w) printer 时，系统会检索包含 laser printer、laser color printer 和 laser and printer 的记录。

（3）(N)。N 的含义为 near，表示此算符两侧的检索词必须紧密相连，除空格和标点符号外，不得插入其他词或字母，两个词的顺序可以颠倒。例如，当检索式为 money (N) supply 时，系统会检索包含 money supply 和 supply money 的记录。

（4）(nN)。此算符表示允许两个词之间插入最多 n 个其他词，包括实词和系统禁用词。例如，当检索式为 economic (2N)recovery 时，系统会检索包含 economic recovery 和 recovery of the economic 的记录。

（5）(F)。F 的含义为 Field，表示此算符两侧的检索词必须在同一个字段中，如同在题目字段或文摘字段中出现，词序不限，夹在两个词之间的词的个数也不限。例如，当检索式为 environmental (F) impact 时，系统会检索包含同时出现"environmental""impact"两个词的字段记录。

（6）(S)。S 的含义为 Sub-field/sentence，表示在此运算符两侧的检索词只要出现在同一个子字段中，如在文摘中的一个句子就在同一个子字段中，此信息就会被命中。要求被连接的检索词必须同时出现在记录的同一个子字段中，不限制它们在此子字段中的相对顺序，也不限制中间插入词的数量。例如，当检索式为 high (W) strength (S) steel 时，系统会检索在同一个子字段中包含 high strength 和 steel 的记录。

4. 限制检索

限制检索指通过限制检索范围，缩小检索结果，达到精确检索，主要有限定字段检索和限定范围检索两种。限定字段检索指将检索词限定在特定的字段中，检索词有题名（Title，TI）、关键词（Keyword，KW）、主题词（Descriptor，DE）、文摘（Abstract，AB）、全文（Full Text，FT）、作者（Author，AU）、期刊名称（Journal，JN）、语种（Language，LA）、出版国家（Country，CO）、出版年份（Publication Year，PY）等。

限定字段检索的表达方式一般有后缀和前缀两种。

（1）后缀。将检索词放在限定的字段之前，之后使用 in 或"/"。例如，Furniture/TI 即 Furniture 一词出现在题目中。

（2）前缀。将检索词放在限定的字段（作者、期刊名称、出版年份、语种等）后。例如，AU＝Evans，LA＝Chinese 等。

限定范围检索指通过使用限定符来限制信息检索范围，以达到优化检索。不同的检索系统有不同的限定符，常用的有"＝""＜＝""＞＝""＜""＞"":"等。例如，PY＞＝2008，表示限定出版年份为 2008 及以后的文献；PY＝2013：2023，表示限定出版年份为 2013—2023 年的文献。

2.3.3　搜索引擎

1.　什么是搜索引擎

互联网如同一个信息的海洋，在其中寻找需要的信息，就好像大海捞针。怎样才能快速、准确地找到真正需要的信息呢？使用搜索引擎（Search Engine）就是解决这个问题的一个有效途径。搜索引擎指根据用户需求与一定的算法，运用特定的策略从互联网上检索出指定信息反馈给用户的一门检索技术。

搜索引擎是应用于互联网上的一门检索技术。它旨在提高人们获取信息的速度，为人们提供更好的网络使用环境。搜索引擎是一种特殊的互联网资源，收录了大量各种类型网上资源的线索，用户可以使用专门的搜索软件，根据自己的要求进行查找。

2.　搜索引擎的种类

按工作方式划分，搜索引擎可以分为全文搜索引擎、目录索引搜索引擎和元搜索引擎。

（1）全文搜索引擎。全文搜索引擎指通过从互联网上提取的各个网站的信息（以网页文字为主）建立的数据库中，检索与用户查询条件匹配的相关记录，按一定的排列顺序将结果返回给用户。可以说，全文搜索引擎是真正的搜索引擎。著名的全文搜索引擎有谷歌、百度等。

（2）目录索引搜索引擎。目录索引搜索引擎虽然有搜索功能，但在严格意义上算不上真正的搜索引擎，仅仅是按目录分类的网站链接列表而已。用户完全可以不用进行关键词查询，仅靠分类目录也可以找到需要的信息。著名的目录索引搜索引擎有 About、DMOZ、新浪（Sina）、网易（Netease）等。

（3）元搜索引擎。元搜索引擎又称多元搜索引擎，是搜索引擎之母。这里的"元"有"总和""超越"之意。在接收到用户的请求时，元搜索引擎将用户的请求经过转换处理后，交给多个独立搜索引擎进行搜索，并将结果返回给用户。著名的元搜索引擎有 InfoSpace、Dogpile、360 等。

3.　百度搜索引擎

百度搜索引擎是全球最大的中文搜索引擎。百度搜索引擎由李彦宏、徐勇两人创立于北京中关村，致力于向人们提供简单、可依赖的信息获取方式。"百度"二字源于中国宋朝词人辛弃疾的《青玉案》诗句"众里寻他千百度",象征着对中文信息检索技术的执着追求。百度搜索引擎的搜索界面如图 2-2 所示。在搜索框中输入需要查询的关键词,关键词可以是任意中文、英文或二者的混合,单击"百度一下"按钮或按 Enter 键,搜索引擎就会自动查找相关资料。

图 2-2　百度搜索引擎的搜索界面

在使用百度搜索引擎进行信息检索时,需要注意以下几点。

(1)使用空格表示"与"。例如,由于需要了解一下中国的历史,因此期望搜索到的网页中有"中国"和"历史"两个关键词,此时可以在搜索框中输入"中国　历史"进行搜索。

(2)使用"–"表示"非"。例如,"A–B"表示搜索到的网页中包含 A 但不包含 B。

(3)使用"|"表示"或"。例如,"A|B"表示搜索到的网页中要么有 A,要么有 B,要么同时有 A 和 B。

(4)使用" " ""(英文双引号)表示精确匹配,即双引号中的内容不能拆分。如果需要搜索包含整个短语或句子的信息,那么可以使用这种方式。

(5)使用"site"表示搜索范围局限于某个具体网站。例如,若要在新浪网中搜索有关"中国历史"的信息,那么可以在搜索框中输入"中国历史　site:www.sina.com.cn"进行搜索。

(6)使用"filetype"指定要搜索的文件类型。例如,要在 PDF 文件中搜索有关中国历史的信息,可以在搜索框中输入"中国历史 filetype:pdf"进行搜索。

(7)使用"inurl"指定要搜索的关键词被包含在 URL 中。例如,要搜索关于 Photoshop 的使用技巧,可以在搜索框中输入"Photoshop inurl:jiqiao",表示其中的"Photoshop"可以出现在网页中的任何位置,而"jiqiao"则必须出现在网页的 URL 中。

(8)使用"intitle"指定要搜索的关键词被包含在标题中。例如,要查找标题中包含"中国历史"的网页,可以在搜索框中输入"intitle:中国历史"。

2.3.4 专用检索平台

用户在互联网中除了可以使用搜索引擎检索网站中的信息，还可以通过各种专业检索平台检索各类专业信息。

1. 中国知网

中国知网是中国知识基础设施工程（China National Knowledge Infrastructure，CNKI）的资源系统，为同方知网（北京）技术有限公司和中国学术期刊电子杂志社共同创办的知识发现网络平台，面向海内外用户提供中国学术文献、外文文献、学位论文、报纸、会议、年鉴、工具书等各类资源统一检索、统一导航、在线阅读和下载服务，可以检索的内容涵盖基础科学、文史哲、工程科技、社会科学、农业、经济与管理科学、医药卫生、信息科技等领域。

中国知网建立了中国学术期刊网络出版总库、中国博硕士学位论文全文数据库、国内外重要会议论文全文数据库、中国重要报纸全文数据库、专利数据库、标准数据库、中国科技项目创新成果鉴定意见数据库（知网版）、外文文献数据库、中国法律知识资源总库、中国年鉴网络出版总库和国学宝典数据库等知识资源总库。

中国知网设有一框式检索（初级检索）、高级检索和专业检索 3 种常见的检索方式。此外，依据文献类型的不同，还有作者发文检索、句子检索、知识元检索和引文检索等检索方式，每种检索都有使用方法供参考。例如，作者发文检索使用方法如图 2-3 所示。

图 2-3 作者发文检索使用方法

2022 年 6 月 12 日凌晨，同方知网（北京）技术有限公司在中国知网官方网站，以及中国知网微信公众号发布《公告》：即日起，中国知网向个人用户直接提供查重服务。

2. 万方数据知识服务平台

万方数据知识服务平台由万方数据开发，包括科技信息系统、数字化期刊系统和商务信息系统 3 个系统。万方数据知识服务平台的内容涉及自然科学和社会科学的各个专业领域，包括学术期刊、学位论文、会议论文、外文文献、OA（Open Access）论文、科技报告、中外标准、科技成果、政策法规、新方志、机构、科技专家等。其检索方式与中国知网的检索方式大同小异。

3. 国外重要的综合性信息检索系统

常用的外文全文检索系统有 Web of Science（WoS）、EBSCOhost、SpringerLink、IEEE/IET Electronic Library 等，任意用户都可以免费检索这些检索系统的文摘信息，授权用户可以在线阅读或下载。

常用的外文文摘检索系统有 EI Compendex（工程索引）、Chemical Abstracts（化学文摘，CA）、BIOSIS Previews 等。

2.4　项目实施

扫一扫

微课：使用百度
搜索引擎

2.4.1　任务 1：使用百度搜索引擎

使用搜索引擎是信息检索的常用方法。用户可以使用搜索引擎进行搜索，以在海量信息中获取有用的信息。以下介绍百度搜索引擎的使用方法。

1. 百度搜索引擎的基本查询

百度搜索引擎的基本查询是直接在搜索框中输入搜索关键词进行查询。下面在百度搜索引擎中搜索近一个月内发布的包含关键词"人工智能"的 PDF 文件。

步骤 1：在浏览器中打开百度搜索引擎的搜索界面，在搜索框中输入关键词"人工智能"，按 Enter 键或单击"百度一下"按钮，并单击搜索框下方的"搜索工具"链接（单击后变为"收起工具"链接），显示"搜索工具"栏。基本查询的结果如图 2-4 所示。

图 2-4　基本查询的结果

步骤 2：单击"搜索工具"栏的"站点内检索"下拉按钮，在文本框中输入百度搜索引擎的网址，在"所有网页和文件"下拉列表中选择"PDF(.pdf)"选项，在"时间不限"下拉列表中选择"一月内"选项，如图 2-5 所示。查询的结果为网站中一个月内发布的包含关键词"人工智能"的所有 PDF 文件。

图 2-5　设置搜索条件 1

2. 百度搜索引擎的高级查询

通过高级查询可以实现包含完整关键词、包含任意关键词和不包含某些关键词等搜索。

步骤 1：在百度搜索引擎的搜索界面的右上角，选择"设置"→"高级搜索"选项。

步骤 2：在"高级搜索"选项卡的"包含全部关键词"文本框中输入"上海 杭州"，要求查询同时包含"上海"和"杭州"两个关键词的信息；在"包含完整关键词"文本框中输入"手机专卖店"，要求查询包含"手机专卖店"这个完整关键词的信息，即关键词不能被拆分；在"包含任意关键词"文本框中输入"华为 小米"，要求查询包含"华为"或"小米"其中任意一个关键词的信息；在"不包含关键词"文本框中输入"苹果 三星"，要求查询不包含"苹果"和"三星"这两个关键词的信息，如图 2-6 所示。

图 2-6　设置搜索条件 2

根据需要，用户还可以设置要查询的网页的时间、要查询的文档的格式、关键词的位置、限定查询的网站等参数。

步骤 3：单击"高级搜索"按钮。高级查询的结果如图 2-7 所示。

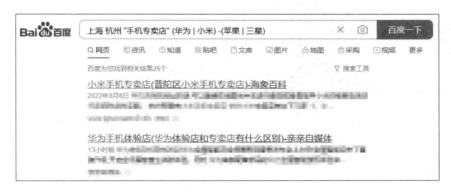

图 2-7 高级查询的结果

2.4.2 任务 2：专用平台的信息检索

1. 期刊信息检索

下面以中国知网为例，介绍期刊信息检索的方法。

（1）快速检索。

步骤 1：在浏览器中打开中国知网首页，如图 2-8 所示。单击"文献检索"、"知识元检索"或"引文检索"按钮，即可进入相关类别的检索界面。其中，文献检索界面是打开中国知网首页自动进入的。

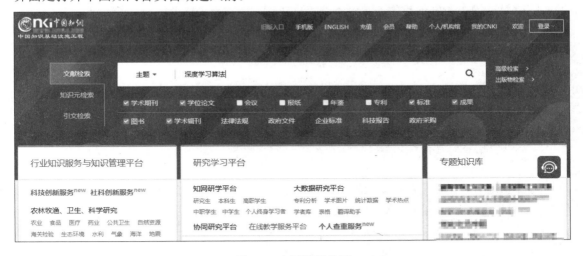

图 2-8 中国知网首页

单击搜索框左侧的下拉按钮，在弹出的下拉列表中，用户可以根据需要选择"主题""篇关摘""关键词""篇名""全文""作者"等检索字段。

步骤 2：在搜索框中输入"深度学习算法"，取消勾选"会议""报纸"复选框，单击"检索"图标 Q 。快速检索的结果如图 2-9 所示。

图 2-9　快速检索的结果

（2）高级检索。

为了使检索结果更精准，中国知网提供了高级检索功能。高级检索指为实现精准检索对检索字段设置约束条件的检索。约束条件包括主题、作者、文献来源、逻辑关系、时间范围，以及是否要求"网络首发""增强出版""基金文献""中英文扩展""同义词扩展"。对于主题、作者、文献来源这些约束条件，既可以增加又可以减少，既可以设置成精确匹配又可以设置成模糊匹配。

下面以"中国特色社会主义"的高级检索为例，介绍高级检索的方法。

步骤 1：在中国知网首页单击"高级检索"按钮，打开"高级检索"界面，如图 2-10 所示。

图 2-10　"高级检索"界面

步骤 2：设置"主题"为"中国特色社会主义"、"关键词"为"中国特色"、"篇名"为"中国特色社会主义道路"，勾选"中英文扩展"复选框，设置"时间范围"为"2019-09-01"

到"2022-09-01"。

步骤 3：单击"检索"按钮。高级检索的结果如图 2-11 所示。

图 2-11　高级检索的结果

2. 专利信息检索

下面在万方数据知识服务平台中检索包含关键词"6G 通信"的专利信息。

步骤 1：在浏览器中打开万方数据知识服务平台首页，如图 2-12 所示。

图 2-12　万方数据知识服务平台首页

步骤 2：单击"资源导航"栏中的"专利"链接，打开"专利"选项卡，在搜索框中输入"6G 通信"，单击"检索"按钮。专利信息检索的结果如图 2-13 所示。

步骤 3：可以看到，网页中列出了专利的名称、类型、专利号、专利人、摘要等信息，单击某专利的名称，在打开的网页中可以看到有关该专利的详细信息。如果需要查看专利的完整信息，那么可以单击"在线阅读""下载"等按钮（需要注册和登录）。

图 2-13　专利信息检索的结果

2.5　总结与提高

　　信息检索指将信息先按一定的方式进行加工、整理、组织并存储，再根据用户特定的需求准确地查找出来的过程。本项目主要介绍了常用的信息检索方法、搜索引擎和专用检索平台。

　　按存储与检索对象划分，信息检索可以分为文献检索、数据检索和事实检索。按检索方式划分，信息检索可以分为手工检索和计算机检索。信息检索的基本流程有 5 个步骤：确定检索需求、选择检索系统、确定检索方法、进行具体检索和整理检索结果。

　　常用的布尔逻辑检索的逻辑运算符有逻辑"与"、逻辑"或"和逻辑"非"3 种。在截词检索中，常用的截词符有"?""*"等，通常"*"表示 $0\sim n$ 个字符，"?"表示 1 个字符。位置算符有"(W)""(nw)""(N)""(nN)""(F)""(S)"等。限定字段检索的检索词有题名、关键词、主题词、文摘、全文、作者、期刊名称、语种、出版国家、出版年份等。

　　搜索引擎指根据用户需求与一定的算法，运用特定的策略从互联网上检索出指定信息反馈给用户的一门检索技术。按工作方式划分，搜索引擎可以分为全文搜索引擎、目录索引搜索引擎和元搜索引擎。百度搜索引擎是全球最大的中文搜索引擎。专用检索平台有中国知网和万方数据知识服务平台等。中国知网可以检索的信息涵盖基础科学、文史哲、工程科技、社会科学、农业、经济与管理科学、医药卫生、信息科技等领域。

2.6　拓展知识：我国超级计算机

2022 年 5 月 31 日，全球超级计算机 500 强榜单被公布。该榜单显示，在全球浮点运算性能位列前 500 台的超级计算机中，中国部署的超级计算机数量继续位列全球第一，达到 173 台，占总体份额的 34.6%；"神威·太湖之光"和"天河二号"分列榜单的第六位、第九位；上海交通大学部署的"思源一号"位列第 138 位。从制造商来看，联想交付 161 台，是目前世界上最大的超级计算机制造商。可以说，超级计算机是一个国家科技实力的重要标志，是国家基础研究能力的体现。在短短的几年时间中，我国的超级计算机从"一穷二白"到傲视全球，这样的发展速度令人振奋，相信在不久的将来，中国一定会成长为更强大的科技强国。

由我国研制的"神威·太湖之光"以每秒 9.3 亿亿次的浮点运算速度全球超级计算机 500 强榜单。"神威·太湖之光"全部采用我国国产处理器构建，安装了 40 960 个中国自主研发的"申威 26010"众核处理器。依托"神威·太湖之光"，我国超级计算机在天气气候、航空航天、海洋科学、新药创制、先进制造等重要领域取得了丰硕的成果。

2.7　习题

一、选择题

1．以下不属于按检索对象划分的信息检索的是＿＿＿＿＿。
　　A．文献检索　　　　　　　　　B．手工检索
　　C．数据检索　　　　　　　　　D．事实检索

2．逻辑运算符包括＿＿＿＿＿。
　　A．逻辑"与"　　　　　　　　　B．逻辑"或"
　　C．逻辑"非"　　　　　　　　　D．以上 3 项

3．使用逻辑"与"进行信息检索是为了＿＿＿＿＿。
　　A．提高查全率　　　　　　　　　B．提高查准率
　　C．降低漏查率　　　　　　　　　D．提高使用率

4．以下关于搜索引擎的说法中不正确的是＿＿＿＿＿。
　　A．使用搜索引擎进行信息检索是目前进行信息检索的常用方式
　　B．按关键词搜索属于目录索引
　　C．搜索引擎按工作方式划分主要有目录索引搜索引擎和关键词查询搜索引擎
　　D．著名的元搜索引擎有 InfoSpace、Dogpile、360 等

5．在使用百度搜索引擎检索信息时，要将检索范围限制在网页标题中，应使用的命令是_____。

    A．intitle   B．inurl

    C．site   D．info

6．要进行专利信息检索，应选择的是_____。

    A．百度搜索引擎

    B．CALIS 学位论文中心服务系统

    C．谷歌学术

    D．万方数据知识服务平台

二、简答题

1．按工作方式划分，搜索引擎主要有哪 3 种？

2．常用信息检索的专用平台有哪些？

学习情境二

Word 2019 高级应用

- 项目 3　自荐书制作
- 项目 4　艺术小报排版
- 项目 5　毕业论文排版
- 项目 6　信封和成绩单批量制作

项目 3

自荐书制作

本项目将以"自荐书制作"为例，介绍在 Word 2019 中设置页面、设置字符格式与段落格式、添加页面边框、添加项目符号、设置文字方向、打印预览与打印输出等方面的相关知识。

3.1 项目导入

小李大学快毕业了，即将面临找工作的问题，通过学哥学姐们的介绍和学校的就业指导课，小李了解到找工作前要精心制作一份自荐书。小李觉得，要想在激烈的人才竞争中占有一席之地，除应有大量的知识储备和应具备过硬的工作能力外，还应让他人尽快、全面地了解自己。一份精美的自荐书无疑会给他人留下良好的第一印象，毫不夸张地说，自荐书制作得好坏，将在一定程度上影响到小李的前途和命运。因此，小李找到张老师，向其请教以下问题。

（1）自荐书中应包含哪些内容？

（2）如何制作一份具有自身特色的自荐书？

张老师帮助小李分析了他的特点和专业优势后，建议他借助 Word 2019 来制作一份自荐书。以下是张老师对制作自荐书的详细讲解。

3.2 项目分析

自荐书指由求职者向招聘者提交的一种信函，它向招聘者表明求职者拥有能够满足特定工作要求的技能、态度、资质和资信。一封成功的自荐书就是一件"营销武器"，能够满足招聘者的特定需要，确保求职者能够得到面试的机会。

在写自荐书之前，有必要明确自荐书所要达到的效果：让招聘者对自荐书过目难忘，爱不释手，让招聘者立刻明白并且相信求职者的工作能力。然而，要写好自荐书，并非一件容易的事。绝大多数的自荐书如同流水账，毫无重点，无法给招聘者留下深刻的印象。

自荐书是求职者生活、学习和工作经历的集中反映。一般来讲，自荐书应包括 3 个部分，即封面、自荐信和个人简历，其内容主要涉及求职者的背景、个人基本情况、个人专业强项与技能优势、求职动机与目的等。

自荐书制作一般可以分为以下 3 个步骤。

步骤 1：制作封面，设计好封面的布局，封面上的内容主要包括求职者的毕业学校、姓名、专业、联系电话等。

步骤 2：制作自荐信，用文字叙述自己的爱好、兴趣、专业等，要注意自荐信内容的多少，应用的字体、字号、行间距、段间距等，以使自荐书的内容在页面中分布合理，既不要留太多空白，又不要太拥挤。

步骤 3：制作个人简历，介绍自己的学习经历、工作经历等，内容包括个人基本情况、联系方式、受教育情况、爱好和特长等。为了使个人简历清晰、整洁、有条理，最好以表格的形式完成。

自荐书制作完成后，可以先进行打印预览以确保打印出来的效果与期望的效果一致（如有出入，可返回进行修改），预览无误后，再进行打印输出。

由以上分析可知，自荐书制作可以分为 5 个任务，即设置页面、制作封面、制作自荐信、制作个人简历、打印预览与打印输出。

自荐书制作的操作流程如图 3-1 所示，完成效果如图 3-2 所示。

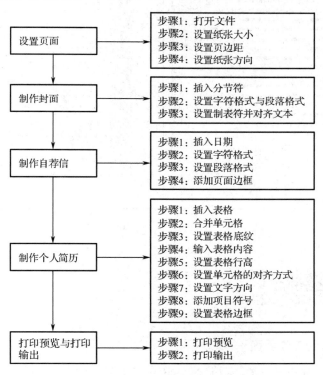

图 3-1　自荐书制作的操作流程

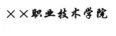

图 3-2　完成效果

3.3　相关知识点

1．Word 2019 的工作界面

Office 2019 办公组件有很多，功能各不相同，但是工作界面大同小异。Office 2019 的工作界面由快速访问工具栏、标题栏、功能选项卡、功能区、文档编辑区、状态栏、视图栏和

缩放比例工具等组成，如图 3-3 所示。

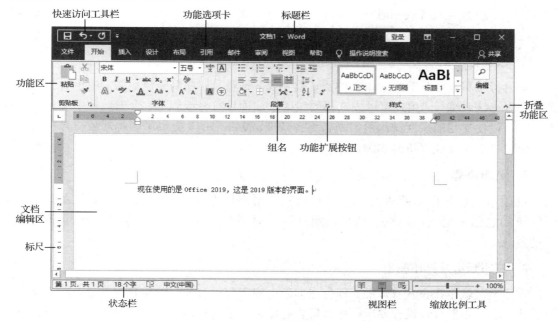

图 3-3　Word 2019 的工作界面

2. 字符和段落的格式化

字符的格式化，包括对各种字符的字体、大小、颜色、字符间距、字符之间的上下位置及文本效果等进行设置。

段落的格式化，包括对段落左右边界的定位、对齐方式、缩进方式、行间距、段间距等进行设置。

3. 表格

表格是由若干行和若干列组成的，行和列交叉形成的矩形部分被称为单元格，可以在单元格中输入文字、数字、图片等。

表格可以用来组织文档的排版，文档中经常需要使用表格来组织有规律的文字和数字，有时还需要用表格将段落并行排列。

对于表格的编辑，一是以表格为对象进行编辑，包括移动表格、设置对齐方式、设置文字环绕方式、设置行高和列宽、设置边框和底纹等；二是以单元格为对象进行编辑，包括选择单元格区域、插入和删除单元格、合并和拆分单元格、设置单元格中对象的对齐方式等。

4. 制表位

制表位是一个对齐文本的有效工具。它用于指定文字缩进的距离或一栏文字开始的位置。制表位可以让文本向左、向右或居中对齐，或将文本与小数或竖线对齐。

设置制表位的方法：通过单击水平标尺最左侧的"左对齐式制表符"∟更改制表符类型，

直到将它更改为所需制表符类型（"左对齐式制表符"∟、"居中式制表符"⊥、"右对齐式制表符"⅃、"小数点对齐式制表符"⊥或"竖线对齐式制表符"｜），在水平标尺上单击要插入制表位的位置。

5. 项目符号和编号

项目符号和编号是放在文本前的点、数字或其他符号，起到强调作用，用于对一些重要条目进行标注或编号，用户可以为选择的段落添加项目符号或编号。合理地使用项目符号和编号，可以使文档的层次结构更清晰、更有条理。Word 2019 提供了多种项目符号和编号，用户也可以自定义项目符号和编号。

6. 页面边框

页面边框是在页面四周的一个矩形边框，用户可以设置普通的线型页面边框和各种图标样式的艺术型页面边框。此外，用户可以对页面边框的样式、颜色和应用范围等进行设置。

7. 打印预览及打印输出

打印预览就是在正式打印前，预先在屏幕上观察即将打印文件的打印效果，看看是否符合设计要求。如果符合设计要求，那么可以打印。在正式打印前，可以对打印的范围、份数和是否双面打印等进行设置。在打印预览无误后，即可进行打印输出。

3.4 项目实施

3.4.1 任务 1：设置页面

在文档排版前，一般要先对文档页面进行设置。

步骤 1：打开素材库中的"自荐书（素材）.docx"文件。

步骤 2：设置纸张大小。在"布局"选项卡中，单击"页面设置"组中的"纸张大小"下拉按钮，在打开的"纸张大小"下拉列表中选择"A4"选项，如图 3-4 所示。用户可以根据需要设置纸张大小，常见的纸张大小有"A4""A5"等，默认纸张大小为"A4"。用户也可以选择"其他纸张大小"选项，自定义纸张大小。

步骤 3：设置页边距。单击"页面设置"组中的"页边距"下拉按钮，在打开的"页边距"下拉列表中选择"常规"选项，如图 3-5 所示。用户可以根据需要设置页边距，常见的页边距有"常规""窄""中等""宽""对称"等，默认页边距为"常规"。用户也可以选择"自定义页边距"选项，自定义页边距。

步骤 4：设置纸张方向。单击"页面设置"组中的"纸张方向"下拉按钮，在打开的"纸张方向"下拉列表中选择"纵向"选项，如图 3-6 所示。纸张方向有"纵向"和"横向"两种，默认纸张方向为"纵向"。

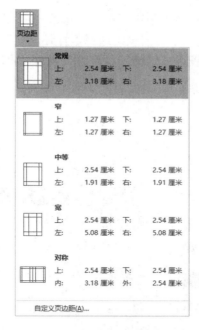

图 3-4　"纸张大小"下拉列表　　图 3-5　"页边距"下拉列表　　图 3-6　"纸张方向"下拉列表

3.4.2　任务 2：制作封面

自荐书的封面上主要有求职者的毕业学校、姓名、专业、联系电话等信息。此外，还可以在封面上添加学校标志性建筑的图片。

微课：制作封面

1．插入分节符

步骤 1：将光标置于文字"自荐信"所在行的行首，在"布局"选项卡中，单击"页面设置"组中的"分隔符"下拉按钮，在打开的"分隔符"下拉列表中选择"分节符"区域的"下一页"选项，如图 3-7 所示。

步骤 2：使用相同的方法，在文字"个人简历"所在行的行首也插入"下一页"分节符。此时，文档共分为 3 个页面（封面、自荐信、个人简历）。

【说明】　如果需要显示分节符，那么可以选择"文件"→"选项"命令，打开"Word 选项"对话框，在左侧窗格中选择"显示"选项，在右侧窗格中勾选"显示所有格式标记"复选框。

分节符被显示为双虚线，而分页符被显示为单虚线。

2．设置字符格式与段落格式

步骤 1：在第 1 页中，选择文字"××职业技术学院"，在"开始"选项卡的"字体"组中，设置字体为"华文行楷"，字号

图 3-7　"分隔符"下拉列表

为"小初"，且"加粗"，在"段落"组中设置"居中"，并单击"行和段落间距"下拉按钮 ，在打开的"行和段落间距"下拉列表中选择"行距选项"选项，如图 3-8 所示。

在设置字符格式时，也可以通过浮动工具栏进行快速设置，如图 3-9 所示。

图 3-8　"行和段落间距"下拉列表

图 3-9　通过浮动工具栏快速设置字符格式

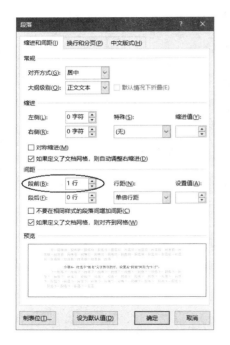

图 3-10　"段落"对话框

步骤 2：在打开的"段落"对话框中，设置"段前"为"1 行"，单击"确定"按钮，如图 3-10 所示。

步骤 3：选择文字"自荐书"，设置其字体为"隶书"，字号为"96"，且"居中"。

步骤 4：选择图片，拖动图片的控制柄，适当缩放该图片，使之水平居中。

步骤 5：分别选择文字"姓名""专业""联系电话""电子邮箱"所在行，设置其字体为"宋体"，字号为"二号"，且"加粗"。

步骤 6：仅选择文字"姓名"所在行，设置其"段前"为"3 行"。

3. 设置制表符并对齐文本

步骤 1：在"视图"选项卡的"显示"组中，勾选"标尺"复选框，即可显示水平标尺和垂直标尺。

步骤 2：将光标置于文字"姓名"前面，在水平标尺的刻度"4"处单击，水平标尺中将出现一个左对齐式制表符，此时按 Tab 键，文字"姓名"所在行将左对齐至制表符标记处，如图 3-11 所示。

图 3-11　设置左对齐式制表符

步骤 3：使用相同的方法，分别为文字"专业""联系电话""电子邮箱"所在行添加左对齐式制表符，按 Tab 键，将它们左对齐至制表符标记处。

至此，自荐书的封面制作完成，效果如图 3-12 所示。

图 3-12　封面的完成效果

3.4.3　任务 3：制作自荐信

扫一扫

微课：制作自荐信

自荐信一般使用文字来叙述求职者的爱好、兴趣、专业等。为了美观，可以对自荐信所在页面添加艺术页面边框。

1. 插入日期

步骤 1：在第 2 页中，将光标置于最后一行文字后的空行中，在"插入"选项卡中，单击"文本"组中的"日期和时间"按钮，打开"日期和时间"对话框。

步骤 2：在打开的"日期和时间"对话框中，选择合适的格式，并勾选"自动更新"复选框，单击"确定"按钮，如图 3-13 所示。此时，即可插入当前日期，并会在今后打开该文档时自动更新日期。

2. 设置字符格式

设置字符格式主要是对文字（汉字、英文字母、数字和其他特殊符号）的大小、字体、颜色、字符间距和各种修饰效果进行设置。

步骤 1：选择文字"自荐信"，在"开始"选项卡的"字体"组中（或在浮动工具栏中），设置字体为"华文新魏"，字号为"一号"，且"加粗"；单击"字体"组右下角的"字体"扩展按钮，打开"字体"对话框，在"高级"选项卡中设置"间距"为"加宽"，"磅值"为"12 磅"，单击"确定"按钮，如图 3-14 所示。

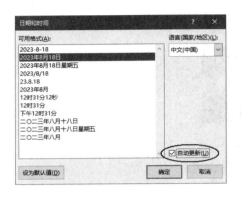

图 3-13　"日期和时间"对话框　　　　　图 3-14　"字体"对话框

步骤 2：选择文字"尊敬的领导："，设置其字体为"幼圆"，字号为"四号"，保持选择文字"尊敬的领导："，单击"剪贴板"组中的"格式刷"按钮 ，拖动鼠标（此时鼠标指针变为"格式刷"形状）选择最后两行内容，将它们的字体也设置为"幼圆"，字号也设置为"四号"。

步骤 3：将正文文字（从文字"您好"到文字"敬礼"）的字体设置为"宋体"，字号设置为"小四"。

3．设置段落格式

设置段落格式主要是对对齐方式、缩进方式、行间距、段间距进行设置。

步骤 1：选择文字"自荐信"，单击"段落"组中的"居中"按钮 。选择正文文字（从文字"您好"到文字"敬礼"），单击"段落"组右下角的"段落"扩展按钮 ，打开"段落"对话框，在"缩进和间距"选项卡中，设置"对齐方式"为"左对齐"，"特殊"为"首行"，"缩进值"为"2 字符"，"行距"为"多倍行距"，"设置值"为"1.75"，单击"确定"按钮，如图 3-15 所示。

步骤 2：将光标置于文字"敬礼"所在段落，拖动水平标尺中的"首行缩进"滑块 至左页边距处，取消文字"敬礼"所在段落的首行缩进，如图 3-16 所示。

步骤 3：选择最后两行内容，单击"段落"组中的"右对齐"按钮 ，使这两行内容右对齐，并将文字"自荐人"所在段落的格式设置为段前间距 1.5 行。

4．添加页面边框

步骤 1：在"设计"选项卡中，单击"页面背景"组中的"页面边框"按钮 ，打开"边框和底纹"对话框。

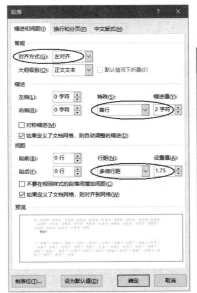

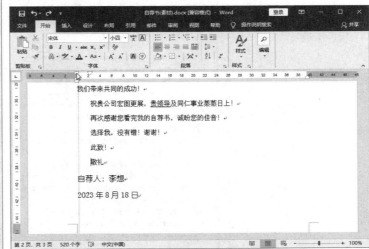

图 3-15　"段落"对话框　　　　　　　　　　图 3-16　取消首行缩进

步骤 2：在"设置"区域中选择"方框"选项，在"颜色"下拉列表中选择"白色，背景 1，深色 50%"选项，在"艺术型"下拉列表中选择合适的艺术边框，在"应用于"下拉列表中选择"本节"选项，单击"确定"按钮，如图 3-17 所示。

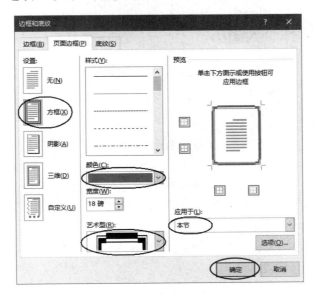

图 3-17　"边框和底纹"对话框

至此，自荐信制作完成，效果如图 3-18 所示。

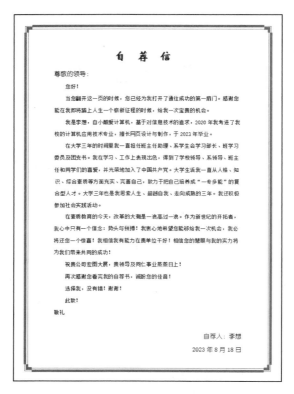

图 3-18　自荐信的完成效果

3.4.4　任务 4：制作个人简历

使用表格是文字排版简洁、有效的方式之一。如果将个人简历使用表格来表现，那么会使人感觉整洁、清晰且有条理。

1．插入表格

步骤 1：在第 3 页中，使用"格式刷"按钮复制文字"自荐信"的格式至文字"个人简历"上。

步骤 2：将光标置于下一个空行（第 2 行）中，在"插入"选项卡中，单击"表格"组中的"表格"下拉按钮，在打开的"表格"下拉列表中选择"插入表格"选项，如图 3-19 所示。

步骤 3：在打开的"插入表格"对话框中，设置表格的"列数"为"7"，"行数"为"11"，单击"确定"按钮，如图 3-20 所示。

2．合并单元格

在设计复杂表格的过程中，当需要将表格的若干单元格合并为一个单元格时，可以使用单元格的合并功能。当需要把一个单元格拆分为多个单元格时，可以使用单元格的拆分功能。

步骤 1：选择表格第 7 列的第 1～5 行单元格并右击，在弹出的快捷菜单中选择"合并单元格"命令，将这 5 个单元格合并为一个单元格，如图 3-21 所示。

图 3-19　"表格"下拉列表　　　　　图 3-20　"插入表格"对话框

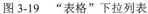

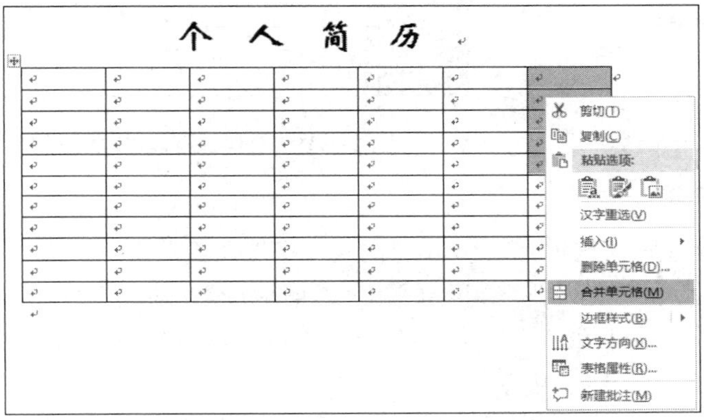

图 3-21　选择"合并单元格"命令

步骤 2：选择表格第 4 行的第 2～4 列单元格并右击，在弹出的快捷菜单中选择"合并单元格"命令。选择表格第 5 行的第 2～4 列单元格并右击，在弹出的快捷菜单中选择"合并单元格"命令。使用相同的方法，分别将表格第 6～11 行的第 2～7 列单元格合并。合并单元格的效果如图 3-22 所示。

图 3-22　合并单元格的效果

3．设置表格底纹

为表格设置底纹，对创建的表格进行修饰，以达到美化版面的效果。

步骤1：选择表格第1列的第1～11行单元格，在"表格工具/设计"选项卡的"表格样式"组中，单击"底纹"下拉按钮，在打开的"底纹"下拉列表中，选择"主题颜色"区域的"白色，背景1，深色25%"选项，如图3-23所示。

步骤2：使用相同的方法，将表格第3列的第1～3行单元格和表格第5列的第1～5行单元格的底纹的主题颜色设置为"白色，背景1，深色25%"。设置表格底纹的效果如图3-24所示。

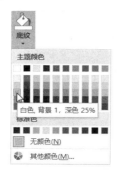

图3-23　"底纹"下拉列表

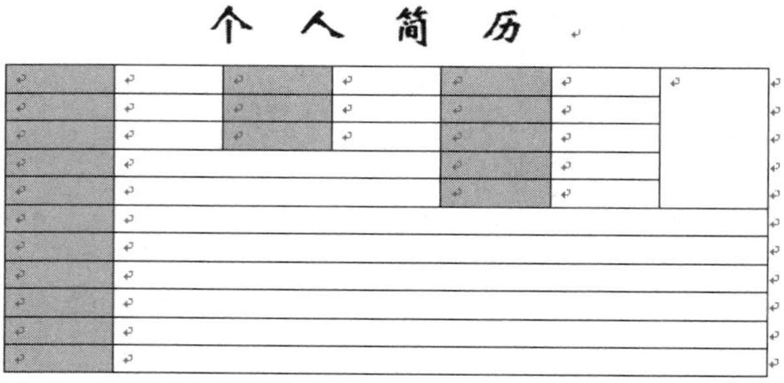

图3-24　设置表格底纹的效果

4. 输入表格内容

步骤1：在已设置底纹的单元格中分别输入文字"姓名""性别""出生年月""民族""籍贯""政治面貌""学历""专业""英语水平""通信地址""邮编""E-mail""联系电话""教育经历""专业课程""获奖证书""爱好和特长""自我评价""求职意向"，并设置其字体为"仿宋"，字号为"五号"，且"加粗"。

步骤2：在其他空白单元格中添加相关文字，并设置其字体为"宋体"，字号为"五号"。输入表格内容的效果如图3-25所示。

个 人 简 历

姓名	李想	性别	男	出生年月	2001.11	照片
民族	汉	籍贯	浙江宁波	政治面貌	中共党员	
学历	大专	专业	计算机	英语水平	CET 4	
通信地址	宁波开发区数字科技园			邮编	315800	
E-mail	*******@163.com			联系电话	138***2035	
教育经历	中学：宁波效实中学 大学：××职业技术学院					
专业课程	网页三剑客 Photoshop CorelDRAW 3ds Max PHP 动态网页制作，SQL 数据库					
获奖证书	××市 Flash 制作第一名 ××职业技术学院校园十佳歌手 信息学院一等奖学金					
爱好和特长	熟悉网站开发环境，有进行网页制作和团队合作的经历 擅长 DIV+CSS 网页制作技巧 熟悉 JavaScript 和 VBScript 网页脚本语言，以及 Access 数据库和 SQL Server 2016 数据库 能够熟练进行计算机操作，以及 Office 办公软件操作 能够使用 Photoshop、CorelDRAW 进行网页图片处理					
自我评价	踏实诚信，积极乐观，性格开朗，有团队意识 吃苦耐劳，有一定的亲和力，勇于挑战自我 积极地在工作和生活中不断地充实自我、提高自我、完善自我					
求职意向	网页设计师					

图3-25　输入表格内容的效果

5．设置表格行高

步骤 1：选择表格第 1～5 行，在"表格工具/布局"选项卡中，单击"表"组中的"属性"按钮，打开"表格属性"对话框，在"行"选项卡中，勾选"指定高度"复选框，并设置"指定高度"为"0.7 厘米"，单击"确定"按钮，如图 3-26 所示。

步骤 2：使用相同的方法，设置表格第 6～11 行的"指定高度"为"3 厘米"。

图 3-26　"表格属性"对话框

6．设置单元格的对齐方式

对于单元格的对齐方式，可以在水平和垂直两个方向上进行调整。

步骤 1：选择表格第 1～5 行单元格，在"表格工具/布局"选项卡中，单击"对齐方式"组中的"水平居中"按钮，使单元格中的文字在水平和垂直两个方向上都居中。

步骤 2：使用相同的方法，设置表格第 6～11 行的第 1 列单元格中的所有文字在水平和垂直两个方向上都居中。

步骤 3：选择表格第 6～11 行第 2 列单元格中的所有文字，在"表格工具/布局"选项卡中，单击"对齐方式"组中的"中部左对齐"按钮，使单元格中的文字在垂直方向上居中，并靠左侧对齐。

7．设置文字方向

步骤 1：选择文字"教育经历""专业课程""获奖证书""爱好和特长""自我评价""求职意向"所在单元格，在"布局"选项卡中，单击"页面设置"组中的"文字方向"下拉按钮，在弹出的下拉列表中选择"垂直"选项，将单元格中的文字垂直排列。

步骤 2：使用相同的方法，设置文字"照片"的方向为"垂直"。

8．添加项目符号

为了使个人简历中的相关内容层次分明，易于阅读和理解，可以为各栏中的段落添加各种形式的项目符号。

步骤 1：选择"教育经历""专业课程""获奖证书""爱好和特长""自我评价""求职意向"等栏右侧的所有文本段落，即选择表格第 6～11 行的第 2 列单元格中的所有文字。

步骤 2：在"开始"选项卡中，单击"段落"组中的"项目符号"下拉按钮，在打开的"项目符号"下拉列表中选择最后一个项目符号，如图 3-27 所示。

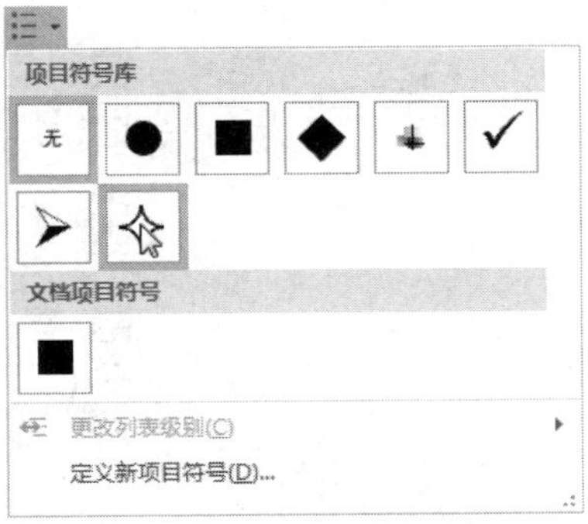

图 3-27　选择最后一个项目符号

9．设置表格边框

在默认情况下，所有表格边框都为 0.5 磅的黑色直线。为了达到美化表格的目的，可以对表格边框的线型、粗细、颜色等进行修改。

下面将表格的外侧框线设置为双细线，将表格的内侧框线设置为虚线。

步骤1：全选表格，在"表格工具/设计"选项卡中，单击"边框"组右下角的"边框"扩展按钮 ，打开"边框和底纹"对话框，在"边框"选项卡的"设置"区域中，选择"方框"选项，选择"样式"为"———"（双细线），如图 3-28 所示。在对话框右侧可以预览设置效果。

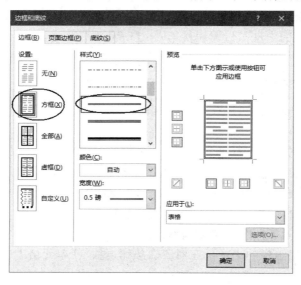

图 3-28　设置外侧框线

步骤2：在"设置"区域中，选择"自定义"选项，选择"样式"为"------------"（虚线），单击对话框右侧预览效果图中心的某个位置，预览效果图中将出现"十字"形状的虚线，单击"确定"按钮，如图 3-29 所示。此时，即将表格内侧框线设置为虚线。

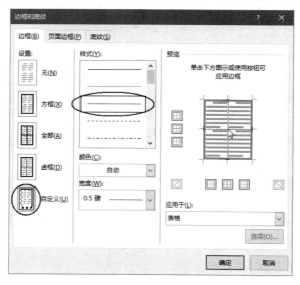

图 3-29　设置内侧框线

至此，个人简历制作完成，效果如图 3-30 所示。

<table>
<tr><td colspan="9" align="center">个 人 简 历</td></tr>
<tr><td>姓名</td><td>李想</td><td>性别</td><td>男</td><td>出生年月</td><td>2001.11</td><td rowspan="3">照片</td></tr>
<tr><td>民族</td><td>汉</td><td>籍贯</td><td>浙江宁波</td><td>政治面貌</td><td>中共党员</td></tr>
<tr><td>学历</td><td>大专</td><td>专业</td><td>计算机</td><td>英语水平</td><td>CET 4</td></tr>
<tr><td>通信地址</td><td colspan="3">宁波开发区数字科技园</td><td>邮编</td><td>315800</td><td></td></tr>
<tr><td>E-mail</td><td colspan="3">*******@163.com</td><td>联系电话</td><td>138****2035</td><td></td></tr>
<tr><td>教育经历</td><td colspan="6">◇ 中学：宁波效实中学
◇ 大学：××职业技术学院</td></tr>
<tr><td>专业课程</td><td colspan="6">◇ 网页三剑客
◇ Photoshop
◇ CorelDRAW
◇ 3ds Max
◇ PHP 动态网页制作、SQL 数据库</td></tr>
<tr><td>获奖证书</td><td colspan="6">◇ ××市 Flash 制作第一名
◇ ××职业技术学院校园十佳歌手
◇ 信息学院一等奖学金</td></tr>
<tr><td>爱好和特长</td><td colspan="6">◇ 熟悉网站开发环境，有进行网页制作和团队合作的经历
◇ 擅长 DIV+CSS 网页制作技巧
◇ 熟悉 JavaScript 和 VBScript 网页脚本语言，以及 Access 数据库和 SQL Server 2016 数据库
◇ 能够熟练进行计算机操作，以及 Office 办公软件操作
◇ 能够使用 Photoshop、CorelDRAW 进行网页图片处理</td></tr>
<tr><td>自我评价</td><td colspan="6">◇ 踏实诚信，积极乐观，性格开朗，有团队意识
◇ 吃苦耐劳，有一定的亲和力，勇于挑战自我
◇ 积极地在工作和生活中不断地充实自我、提高自我、完善自我</td></tr>
<tr><td>求职意向</td><td colspan="6">◇ 网页设计师</td></tr>
</table>

图 3-30　个人简历的完成效果

3.4.5　任务 5：打印预览与打印输出

扫一扫

微课：打印预览与
打印输出

在打印文档之前，最好先预览打印效果，以确保打印出来的内容与所期望的一致。

步骤 1：选择"文件"→"打印"命令，弹出如图 3-31 所示的"自荐书（素材）.doc-Word"窗口，用户所做的纸张大小、纸张方向、页面边距等设置都可以在"设置"区域查看，在窗口右侧的预览区域可以查看打印预览效果，并可以通过调整窗口右下角的缩放滑块来缩放预览视图的大小。

在确认需打印的文档正确无误后，即可打印文档。

步骤 2：在"打印机"下拉列表中选择已安装的打印机，并设置合适的打印份数、打印范围等后，单击"打印"按钮，即可开始打印输出。

图 3-31　"自荐书（素材）.doc-Word"窗口

3.5　总结与提高

本项目主要介绍了设置页面、设置字符格式与段落格式、制作表格（合并单元格、设置单元格的属性、设置单元格的对齐方式等）、添加项目符号、设置表格边框、插入分节符和设置制表符等内容。

在为文字排版对文字进行格式调整时需要先选择文字，在对段落进行格式调整时需要先将光标置于要调整格式的段落中或选择段落。在操作表格时，应先数清表格的行数和列数。对于个人简历，可以使用表格绘制工具进行表格线的绘制，也可以使用擦除工具进行多余边线的擦除。表格中若有斜线表头，则可以使用表格绘制工具进行斜线绘制，绘制后将表格中的内容分为上下两段，上段执行右对齐，下段执行左对齐。在添加边框或底纹时，要注意选择对象（是单元格还是整个表格）。

制表位是一个对齐文本的有效工具，使用它可以精确地对齐文本。掌握了制表位的使用，就能快速、准确地对文本的位置进行设置。

在正式打印前，最好先进行打印预览，预览打印效果，以便确定是否满意排版效果；在开始打印前，需要进行打印设置，包括选择打印机，以及设置合适的打印份数、打印范围等。

另外，很多操作不仅可以通过按钮实现，而且可以通过从快捷菜单中选择相应的命令实现。

版面设计具有一定的技巧性和规范性，应多观察实际生活中各种出版物的版面风格，以便设计出具有实用性的文档。

3.6　拓展知识：国产办公软件 WPS Office

WPS Office 是由北京金山办公软件股份有限公司自主研发的一款办公软件套装，1989年由求伯君正式推出 WPS 1.0，可以实现办公软件常用的文字、表格、演示、PDF 阅读等多种功能。它具有内存占用低、运行速度快、云功能多、强大的插件平台支持、免费提供在线存储空间及文档模板的优点。WPS Office 支持阅读和输出 PDF 文件、具有全面兼容微软 Office 1997～2019 格式的独特优势，覆盖 Windows、Linux、Android、iOS 等多个平台。WPS Office 支持桌面和移动办公，目前已覆盖多个国家和地区。

2020 年 12 月，教育部考试中心（2022 年更名为教育部教育考试院）宣布 WPS Office 将作为全国计算机等级考试（NCRE）二级考试科目之一，于 2021 年在全国实施。

3.7　习题

一、选择题

1. Word 2019 文档的扩展名是＿＿＿＿＿。
    A．.txt　　　　　　　　　　　　B．.wps
    C．.docx　　　　　　　　　　　 D．.dotx

2. 在 Word 2019 中，如果用户选择了大段文字后，按 Space 键，那么＿＿＿＿＿。
    A．在选择的文字后插入空格　　　B．在选择的文字前插入空格
    C．选择的文字被空格代替　　　　D．将选择的文字放入回收站

3. 在 Word 2019 中，要设置文字颜色，应先选择文字，再选择"开始"选项卡的"＿＿＿＿＿＿"组中的命令。
    A．段落　　　　　　　　　　　　B．字体
    C．样式　　　　　　　　　　　　D．颜色

4. 在段落的对齐方式中，＿＿＿＿＿用于使段落中的每一行（包括段落的结束行）都与页面左右边界对齐。
    A．左对齐　　　　　　　　　　　B．两端对齐
    C．居中对齐　　　　　　　　　　D．分散对齐

5. 要设置精确的缩进量，应通过设置＿＿＿＿＿实现。
    A．标尺　　　　　　　　　　　　B．样式
    C．段落格式　　　　　　　　　　D．页面

6．下列关于在 Word 2019 中标尺的叙述错误的是＿＿＿＿＿＿。

    A．水平标尺的作用是缩进全文或插入点所在段落、调整页面的左右边距、改变表格的宽度、设置制表符的位置等

    B．垂直标尺的作用是缩进全文段落、改变页面的上下边距

    C．使用标尺可以对光标进行精确定位

    D．标尺分为水平标尺和垂直标尺

7．在 Word 2019 文档中插入表格时，正确的说法是＿＿＿＿＿＿。

    A．可以调整每列的宽度，但不能调整高度

    B．可以调整每行和每列的宽度与高度，但不能随意修改表格线

    C．不能画斜线

    D．以上都不对

8．下列关于 Word 2019 的查找操作的说法错误的是＿＿＿＿＿＿。

    A．可以从插入点的当前位置开始向上查找

    B．无论在什么情况下，查找操作都是在整个文档范围内进行的

    C．可以查找带格式的文本

    D．可以查找一些特殊的格式符号，如分页符等

9．要用 Word 2019 把文章中出现的所有文字"学生"都改成以粗体显示，可以选择＿＿＿＿＿＿功能。

    A．样式   B．改写

    C．替换   D．粘贴

10．打印预览中显示的文档外观与＿＿＿＿＿＿的文档外观完全相同。

    A．草稿视图中显示   B．页面视图中显示

    C．实际打印输出   D．大纲视图中显示

二、实践操作题

1．使用 Word 2019 打开素材库中的"A 大学.docx"文件，按下面的要求进行操作，并把操作结果存盘。

（1）将最后一段文字"A 大学位于……"所在段落移动到第 1 页"学校概况"之前，并设置与文字"A 大学（A University），坐落于中国历史……"具有相同的段落格式。

（2）将文档中的所有英文字母都设置为蓝色。

（3）设置纸张大小为"16 开"，左、右页边距各为"2 厘米"。

（4）将表格中多次出现的文字"人文学院"合并为只出现一次，且将该单元格设置为"中部两端对齐"。将文字"金融学系，财政学系"所在行拆分成两行，分别为文字"金融学系"所在行和文字"财政学系"所在行。

（5）对文档插入页码，并将其居中。

2．使用 Word 2019 的插入表格、合并单元格、拆分单元格、设置单元格的属性、设置单元格的对齐方式等功能，制作如图 3-32 所示的个人简历。

个人简历

姓名		性别		民族		照片
身份证号码				出生年月		
政治面貌			现户籍所在地			
学历				学位		
学历类别				职称		
毕业学校				毕业时间		
所学专业 1				所学专业 2		
通信地址				邮编		
联系电话	固话:			手机:		
学习和工作经历						
个人特长及获奖情况						

家庭成员及主要社会关系	姓名	与本人关系	出生年月	工作单位	职务
备注					

图 3-32　个人简历

项目 4

艺术小报排版

本项目将以"艺术小报排版"为例，介绍在 Word 2019 中设置版面、布局版面、设计报头、设置正文格式、插入形状和图片、设置分栏和文本框方面的相关知识。

4.1 项目导入

经过激烈的学生会干部评选，小李最终被评选为机电工程学院的宣传部部长，他上任后接到的第一项工作就是要制作一期"窗口"院刊，他开始收集相关素材，布局版面。随着制作过程的深入，他发现很多效果制作不出来。小李遇到的主要问题如下。

（1）如何在不同的页面中设置不同的页眉？

（2）如何将一个文字块放到一个特定的位置？

（3）如何插入水平横线？

（4）如何在一个页面中分两栏排列文字？

（5）如何让文字包围图片？

（6）如何给文章添加艺术化边框？

随着交稿日期的临近，小李只好向张老师求助，希望张老师帮助他解决遇到的各种问题。

4.2 项目分析

张老师了解情况后指出，对于院刊的排版，要先做好版面的整体规划，再对每个版面进行具体的排版。

院刊可以分为两个版面，可以采用正反面打印，以节约纸张。首先，要设置每个版面的纸张大小、页边距等，并设置页眉和页脚的奇偶页不同，这样可以对奇数页和偶数页设置不同的页眉。其次，要对每个版面进行具体布局，根据各篇文章字数的多少和内容的重要性，把各篇文章按均衡协调的原则在版面中进行合理的"摆放"，从而把版面划分成若干版块。其中十分重要的版块是报头，可以通过插入艺术字、图片等设计出美观、大方的报头。

由于文本框可以调节大小，并可以任意移动位置，因此对于字数较少的文章，可以把其放入文本框，以方便布局，而对于字数较多的文章，可以把其分为两栏排列，还可以插入图片、形状等，以美化版块。对于图片、形状等图形对象，可以设置文字环绕方式。为了使各个版块之间层次分明、艺术美观，可以对文本框设置艺术化边框，还可以在每两个版块之间插入水平横线。

由以上分析可知，艺术小报排版可以分为 6 个任务，即设置版面、布局版面、设计报头、设置正文格式、插入形状和图片、设置分栏和文本框。

艺术小报排版的操作流程如图 4-1 所示，完成效果如图 4-2 所示。

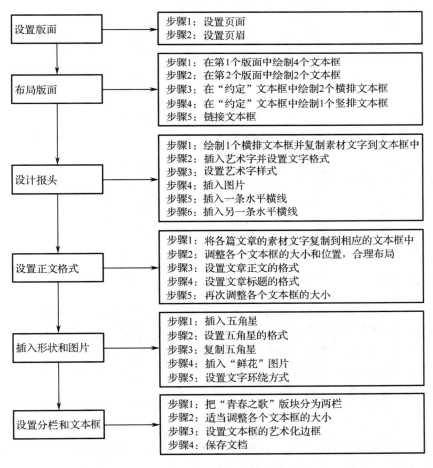

图 4-1　艺术小报排版的操作流程

图 4-2　完成效果

4.3　相关知识点

1. 设置页面

设置页面包括设置纸张大小、纸张方向、页边距、文档网格等。

2. 文本框

在 Word 2019 中，文本框是一种可移动、可调节大小的文本或图形容器。使用文本框可以将文本放到页面中的任意位置，在一页中可以放置多个文本框。人们经常使用文本框对版面进行布局。由于文本框也属于一种图形对象，因此可以为文本框设置各种边框格式、选择填充颜色、添加阴影、设置文字环绕方式等，还可以使文本框中的文字与文档中的其他文字有不同的排列方向（横排、竖排）。

3. 分栏

分栏是文档排版中的一种常用版式。使用这种版式，可以使页面在水平方向上分为几栏，文字是逐栏排列的，填满一栏后方可转到下一栏，文档内容分列于不同的栏中。通过分栏可以使页面排版灵活，阅读方便。分栏在各种报纸和杂志中的应用非常广泛。

4. 艺术字

艺术字是一种特殊的图形，以图形的形式来展示文字，能够美化版面，广泛应用于宣传、广告、商标、标语、黑板报、报纸、杂志和书籍的装帧等方面，被越来越多的人喜欢。

4.4 项目实施

4.4.1 任务 1：设置版面

1．设置页面

将艺术小报的页面设置为 A4 纸张，纸张方向为纵向。

步骤 1：启动 Word 2019，在"布局"选项卡中，单击"页面设置"组右下角的"页面设置"扩展按钮，打开"页面设置"对话框，在"纸张"选项卡中，选择"纸张大小"为"A4"，如图 4-3 所示。

步骤 2：在"页边距"选项卡中，分别设置页边距的"上"为"2.3 厘米"、"下"为"2.3 厘米"、"左"为"2 厘米"、"右"为"2 厘米"，选择"纸张方向"为"纵向"，如图 4-4 所示。

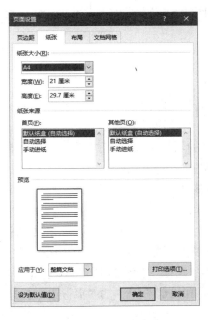

图 4-3　设置纸张大小

图 4-4　设置页边距

步骤 3：在"布局"选项卡中，勾选"奇偶页不同"复选框，单击"确定"按钮，如图 4-5 所示。

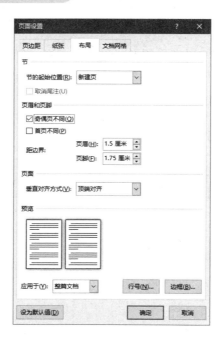

图 4-5　设置页眉和页脚的奇偶页不同

　　由于艺术小报共有两个版面，因此还需要添加一个版面。

　　步骤 4：在"插入"选项卡中，单击"页面"组中的"分页"按钮 ，此时会插入另一个空白页面，组成 2 个空白版面。

2.　设置页眉

　　为奇数页和偶数页设置不同的页眉。

　　步骤 1：在"插入"选项卡中，单击"页眉和页脚"组中的"页眉"下拉按钮，在打开的下拉列表中选择"编辑页眉"选项，此时空白页面中显示了页眉。

　　步骤 2：将光标置于第 1 个版面的页眉（奇数页的页眉）中，在"开始"选项卡中，单击"段落"组中的"两端对齐"按钮 ，此时光标位于页眉的最左侧，在第 1 页的页眉中输入"窗口"，按 4 次 Tab 键，光标会移至页眉的最右侧。

　　步骤 3：在"插入"选项卡中，单击"页眉和页脚"组中的"页码"下拉按钮，在打开的下拉列表中选择"当前位置"→"普通数字"选项，此时会在光标所在位置插入页码"1"。

　　步骤 4：单击"页眉和页脚"组中的"页码"下拉按钮，在打开的下拉列表中选择"设置页码格式"选项，打开"页码格式"对话框，选择"编号格式"为"一,二,三(简)..."，单击"确定"按钮，如图 4-6 所示。此时，页眉中的页码由"1"变为"一"。

　　步骤 5：在页码"一"的左、右两侧分别添加文字"第"和"版"，构成"第 N 版"的形式。

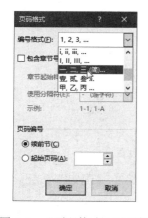

图 4-6　"页码格式"对话框

步骤 6：在文字"第"前插入若干空格，使文字"第 *N* 版"靠右对齐，效果如图 4-7 所示。

图 4-7　奇数页页眉的效果

步骤 7：使用相同的方法，设置偶数页的页眉，效果如图 4-8 所示。

图 4-8　偶数页页眉的效果

步骤 8：在"页眉和页脚工具/设计"选项卡的"关闭"组中，单击"关闭页眉和页脚"按钮，退出页眉编辑状态。

【说明】 在编辑页眉时，双击页面中间的空白处，也可以退出页眉编辑状态。

步骤 9：单击快速访问工具栏中的"保存"按钮，把文件保存到桌面上，并将文件命名为"艺术小报.docx"。

4.4.2　任务 2：布局版面

布局版面就是把各篇文章按均衡协调的原则在版面中进行合理"摆放"，从而把版面划分成若干版块。布局版面十分重要，会直接影响到刊物的美观程度。

由于第 1 个版面中各版块的内容没有分栏，具有"方块"的特点，因此可以使用文本框布局版面。

步骤 1：将光标置于第 1 个版面中，在"插入"选项卡中，单击"文本"组中的"文本框"下拉按钮，在打开的下拉列表中选择"绘制横排文本框"选项。此时，鼠标指针变为"十字"形状。在第 1 个版面中的适当位置绘制 4 个文本框。

步骤 2：使用同样的方法，在第 2 个版面中的合适位置绘制 2 个文本框。这样就构成了整体布局的基本轮廓，如图 4-9 所示。

对照图 4-2 中的完成效果可知，"约定"文本框中的内容是分两栏排列的，可是在文本框中无法直接实现文字分栏排列，为此，这里采用多文本框互相链接的办法实现文字的分栏排列。

步骤 3：选择第 2 个版面中的"约定"文本框，在"插入"选项卡中，单击"文本"组中的"文本框"下拉按钮，在打开的下拉列表中选择"绘制横排文本框"选项，此时光标变为"十字"形状，在"约定"文本框中绘制 2 个水平排列的横排文本框，中间留一些空白。

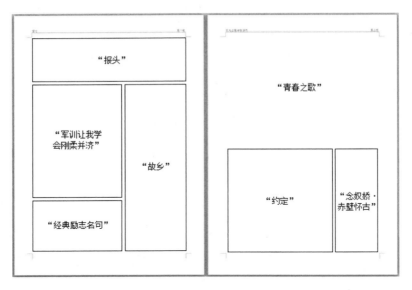

布局第 1 个版面   布局第 2 个版面

图 4-9　布局版面

步骤 4：在"插入"选项卡中，单击"文本"组中的"文本框"下拉按钮▣，在打开的下拉列表中选择"绘制竖排文本框"选项，在刚才绘制的两个横排文本框中间的空白处绘制1 个竖排文本框。在"约定"文本框中绘制 3 个文本框的效果如图 4-10 所示。

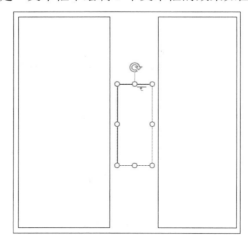

图 4-10　在"约定"文本框中绘制 3 个文本框的效果

步骤 5：选择"约定"文本框中的第 1 个横排文本框，在"绘图工具/格式"选项卡中，单击"文本"组中的"创建链接"按钮▭，此时鼠标指针变为"水杯"形状，将"水杯"形状的鼠标指针移动到准备链接的第 2 个横排文本框中，此时鼠标指针变为倾斜的"水杯"形状，单击，2 个横排文本框就建立了链接，第 1 个横排文本框中显示不下的文字会自动转移到第 2 个横排文本框中，且第 2 个横排文本框中的文字紧接着第 1 个横排文本框中的文字排列，这样即可实现文字的分栏排列。

4.4.3　任务 3：设计报头

扫一扫

微课：设计报头

报头是艺术小报的总题目，相当于艺术小报的"眼睛"，为了达到美观的效果，可以采用艺术字、水平横线等完成报头的设计。

步骤 1：将光标置于"报头"文本框中，多次按 Enter 键，插入多个空行。选择"报头"文本框，在该文本框右上角绘制 1 个横排文本框，并把报头的素材文字复制到报头右上角的横排文本框中，设置这些文字的行距为 1.15 倍，调整内部文本框的大小，使内部文本框刚好能容纳下所有文字，如图 4-11 所示。

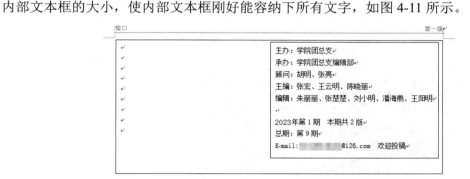

图 4-11　调整内部文本框的大小

步骤 2：将光标置于"报头"文本框左上角的第 1 行空行中，在"插入"选项卡中，单击"文本"组中的"艺术字"下拉按钮，在打开的下拉列表中选择第 1 行第 3 列的样式，此时在"报头"文本框中出现艺术字"请在此放置您的文字"，修改艺术字为"窗口"，并设置其字体为"宋体"，字号为"64 磅"。

步骤 3：选择艺术字"窗口"，在"绘图工具/格式"选项卡的"艺术字样式"组中，设置其"文本填充"为"黑色"，"文本轮廓"为"黑色"，"文本效果"的"阴影"为"偏移：左下"，如图 4-12 所示。

步骤 4：适当上移"艺术字"文本框的下框线，将光标置于艺术字"窗口"下面的空行中，在"插入"选项卡中，单击"插图"组中的"图片"按钮，插入"窗口"图片，在图片左侧插入多个空格，使图片略向右移动，并把艺术字"窗口"略向右上方移动，使艺术字"窗口"与图片保持一定的距离并对齐，如图 4-13 所示。

步骤 5：将光标置于图片下方的空行中，在"开始"选项卡中，单击"段落"组中的"边框"下拉按钮，在打开的下拉列表中选择"横线"选项，即可在图片下方插入一条水平横线。

步骤 6：使用相同的方法，在内部文本框的空行中（文字"编辑"所在行的下一行）插入另一条水平横线，效果如图 4-14 所示。

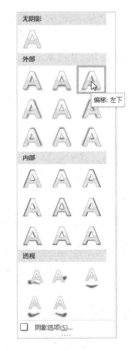

图 4-12　设置艺术字的"阴影"为"偏移：左下"

图 4-13　插入图片并调整其与艺术字之间的距离

图 4-14　插入水平横线的效果

在设计报头的过程中，可以不断调整各个文本框的大小和报头中文字的格式，使其符合版面的设计要求。

4.4.4　任务 4：设置正文格式

图 4-15　"文字方向"
下拉列表

报头设计完成后，下面先复制各篇文章的素材文字到相应的文本框中，再设置各篇文章的具体格式。

步骤 1：将各篇文章的素材文字复制到相应的文本框中。

步骤 2：把文章"约定"的内容（不含文章标题"约定"）复制到"约定"文本框的第 1 个横排文本框中，因为 2 个横排文本框已经建立了链接，所以第 1 个横排文本框中显示不下的文字会自动转移到第 2 个横排文本框中，且第 2 个横排文本框中的文字紧接着第 1 个横排文本框中的文字排列。

在"约定"文本框中间的竖排文本框中输入"约　　定"（中间留 2 个空格）。

把文章"念奴娇·赤壁怀古"的内容（含标题）复制到"念奴娇·赤壁怀古"文本框中，选择该文本框中的所有文字，在"布局"选项卡中，单击"页面设置"组中的"文字方向"下拉按钮 ⅢA，在打开的"文字方向"下拉列表中选择"垂直"选项，如图 4-15 所示。

此时，"念奴娇·赤壁怀古"文本框中的所有文字按垂直方向排列。

适当调整 2 个版面中各个文本框的大小，使能显示各个文本框中的所有文字。如果有空行，那么删除多余的空行。

【说明】 不要删除"青春之歌"版块下方的空行。

步骤 3：设置 2 个版面（报头除外）所有文本框中的正文（各篇文章的标题除外）格式为"宋体""五号""左对齐""1.15 倍行距"。

步骤 4：设置标题"军训让我学会刚柔并济"的格式为"宋体""四号""红色""居中"；标题"故乡"的格式为"楷体""四号""绿色""居中"；标题"经典励志名句"的格式为"隶书""小三号""蓝色""居中"，且段前和段后间距均为"6 磅"；标题"青春之歌"的格式为"华文行楷""三号""居中"；标题"约　　定"的格式为"幼圆""三号""加粗""居中"；标题"念奴娇·赤壁怀古"的格式为"宋体""四号""加粗""居中"。

步骤 5：再次适当调整 2 个版面中各个文本框的大小，使能显示各个文本框中的所有文字。

4.4.5　任务 5：插入形状和图片

下面在标题"经典励志名句"两侧分别插入一个五角星。

步骤 1：将光标置于标题"经典励志名句"左侧，在"插入"选项卡中，单击"插图"组中的"形状"下拉按钮⬡，在打开的"形状"下拉列表中选择"星与旗帜"区域的"星形：五角"选项，如图 4-16 所示。

步骤 2：此时，鼠标指针变为"十字"形状，拖动鼠标在标题"经典励志名句"左侧绘制一个大小合适的五角星。选择刚绘制的五角星，在"绘图工具/格式"选项卡的"大小"组中，设置五角星的"高度"和"宽度"均为"0.5 厘米"，如图 4-17 所示。在"形状样式"组中，选择"形状填充"为"红色"、"形状轮廓"为"红色"。

步骤 3：选择红色五角星，按快捷键 Ctrl+C 进行复制，按快捷键 Ctrl+V 进行粘贴，把复制的第 2 个红色五角星移动到标题"经典励志名句"右侧，通过快捷键"Ctrl+方向键"，对这 2 个红色五角星的位置进行微调，使它们位于一个合适的位置，如图 4-18所示。

下面在"青春之歌"版块中，插入一幅"鲜花"图片，并设置文字环绕方式为"四周型"。

步骤 4：在"青春之歌"版块中，将光标置于要放置"鲜花"图片的位置，在"插入"选项卡中，单击"插图"组中的"图片"按钮🖻，插入"鲜花"图片。

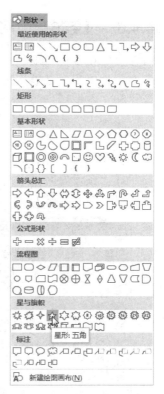

图 4-16　"形状"下拉列表

图 4-17　设置五角星的大小　　　　　　图 4-18　微调 2 个红色五角星的位置

步骤 5：右击"青春之歌"版块中的"鲜花"图片，在弹出的快捷菜单中选择"环绕文字"→"四周型"命令，适当调整"鲜花"图片的位置和大小，效果如图 4-19 所示。

图 4-19　四周型文字环绕方式的效果

4.4.6　任务 6：设置分栏和文本框

分栏在各种报纸和杂志中应用十分广泛。

因为"青春之歌"版块中的内容较多，所以为了便于阅读，下面设置分栏和文本框。

步骤 1：选择"青春之歌"版块中的正文（标题除外），在"布局"选项卡中，单击"页面设置"组中的"栏"下拉按钮≡，在打开的下拉列表中选择"更多栏"选项，打开"栏"对话框。

在"预设"区域中选择"两栏"选项，并勾选"分隔线"和"栏宽相等"复选框，单击"确定"按钮，如图 4-20 所示。"分栏"效果如图 4-21 所示。

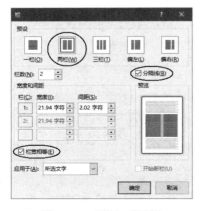

图 4-20　"栏"对话框

图 4-21　"分栏"效果

步骤 2：再次适当调整 2 个版面中各个文本框的大小，直到每个文本框的空间比较紧凑，不留空位，同时又刚好显示出每篇文章的所有内容为止。

步骤 3：选择"军训让我学会刚柔并济"文本框，在"绘图工具/格式"选项卡的"形状样式"组中，选择"形状轮廓"为"无轮廓"，如图 4-22 所示。此时，不显示该文本框的框线。

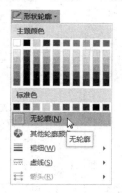

图 4-22　选择"形状轮廓"为"无轮廓"

使用相同的方法，设置不显示 2 个版面中所有文本框的框线。

选择"故乡"文本框，在"开始"选项卡中，单击"段落"组中的"边框"下拉按钮 ⊞ ▼，在打开的下拉列表中选择"边框和底纹"选项，打开"边框和底纹"对话框，在"设置"区域中选择"方框"选项，在"样式"列表框中选择某种边框样式，单击"确定"按钮，如图 4-23 所示。此时，在"故乡"文本框的四周添加了指定样式的边框线。

图 4-23　"边框和底纹"对话框

如果部分边框线被遮挡，那么应调节文本框的大小，使边框线被全部显示。

使用相同的方法，为"经典励志名句"文本框和"约定"文本框添加某种样式的边框线。最终效果如图 4-24 所示。

步骤 4：单击快速访问工具栏中的"保存"按钮，保存文件，完成"窗口"院刊的排版。

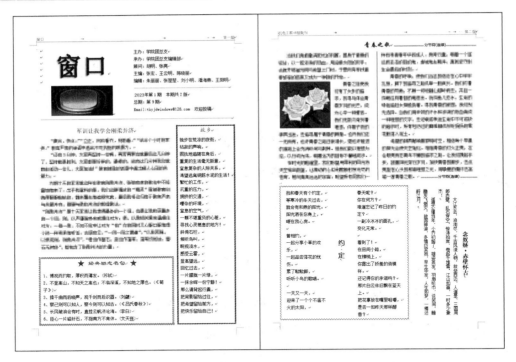

图 4-24　最终效果

4.5　总结与提高

　　本项目通过对"窗口"院刊的排版，综合介绍了 Word 2019 中的各种排版技巧，如文本框、艺术字、水平横线、图片、文字环绕方式、分栏等。

　　在本项目中，要确定版面的布局，可以使用文本框、分栏等将版面进行分割。本项目使用文本框、分栏等将版面划分成 7 个版块，并对这 7 个版块进行具体的设计，在合适的位置插入艺术字、水平横线、形状、图片等。

　　文本框是一种可移动、可调节大小的文本或图形容器。使用文本框可以将文本放到页面中的任意位置。可以设置文本框为任意大小，还可以为文本框中的文字设置格式。对于只需要突出文本效果的文本框，可以取消文本框的边框线；对于需要突出整体排版效果的文本框，也可以设置各种边框格式、选择填充颜色、添加阴影等。可见，文本框在文档排版中的应用是十分广泛的。

　　在文档中插入图片后，可以设置图片环绕方式，使排版更加美观。艺术字、图片等的文字环绕方式有嵌入型、四周型、紧密型、穿越型、上下型、衬于文字下方、浮于文字上方等。

　　在文档排版中还可以应用分栏，分栏也是文档排版的一种常用版式，多见于各种报纸和杂志。使用这种版式，可以使页面在水平方向上分为几栏，文字是逐栏排列的，填满一栏后方可转到下一栏。通过分栏，可以使页面排版灵活，阅读方便。

在以后的工作、学习和生活中，如果要制作介绍学校、院系、班级的宣传小报，或要制作公司的内部刊物、宣传海报等时，相信在本项目中学到的各种排版技巧一定会十分有用。

4.6　拓展知识：国家最高科学技术奖获得者王选

王选，生于 1937 年 2 月，江苏无锡人，曾任北京大学计算机科学技术研究所所长，两院院士。他主持研制成功的汉字信息处理与激光照排系统、方正彩色出版系统得到了大规模的应用，实现了我国出版印刷行业"告别铅与火，迈入光和电"的技术革命，成为我国自主创新和使用高新技术改造传统行业的典范。他主持开发的电子出版系统，引发了报业和印刷业 4 次技术革新，使汉字信息处理与激光照排系统占领 99%国内报业和 80%海外华文报业市场。他是九三学社第九、十、十一届中央副主席，第九届全国人大常委会委员、教科文卫委员会副主任，第八届全国政协委员，第十届全国政协副主席，曾荣获改革先锋、国家最高科学技术奖等荣誉。2009 年，他当选 100 位新中国成立以来感动中国人物。

4.7　习题

一、选择题

1．要将插入点快速移动到文档开始，应按快捷键＿＿＿＿。
　　A．Ctrl+Home　　　　　　　　　　B．Ctrl+PgUp
　　C．Ctrl+↑　　　　　　　　　　　　D．Home

2．要在 Word 2019 的文本中插入图片，图片只能放在文字＿＿＿＿。
　　A．左侧　　　　　B．中间　　　　　C．下方　　　　　D．前 3 种都可以

3．Word 2019 具有分栏功能。下列关于分栏的说法正确的是＿＿＿＿。
　　A．最多可以分 4 栏　　　　　　　　B．各栏的宽度必须相同
　　C．各栏的宽度可以不同　　　　　　D．各栏的间距是固定的

4．艺术字对象实际上是＿＿＿＿。
　　A．文字对象　　　　B．图形对象　　　　C．链接对象　　　　D．以上都不对

5．Word 2019 中的手动换行符是通过＿＿＿＿产生的。
　　A．插入分页符　　　　　　　　　　B．插入分节符
　　C．按 Enter 键　　　　　　　　　　D．按快捷键 Shift+Enter

6．下列对象中不可以设置链接的是＿＿＿＿。
　　A．文本　　　　B．背景　　　　C．图形　　　　D．剪贴画

7．关于 Word 2019 的页码设置，以下表述错误的是＿＿＿＿。
　　A．页码可以被插入到页眉和页脚中

B．页码可以被插入到左、右页边距中

C．如果希望首页和其他页的页码不同，那么必须设置首页不同

D．可以自定义页码并将其插入到构建基块管理器的页码库中

8．SmartArt 图形不包含下面的_____。

    A．图表   B．流程图   C．循环图   D．层次结构图

9．在同一个页面中，如果希望页面上半部分为一栏，下半部分为两栏，那么应插入的分隔符为_____。

    A．分页符   B．分栏符

    C．分节符（连续）   D．分节符（奇数页）

10．在 Word 2019 中，_____功能用于控制在屏幕上显示的文档大小。

    A．页面显示 ✓   B．全屏显示   C．比例显示   D．缩放显示

二、实践操作题

1．使用 Word 2019 打开素材库中的"西溪国家湿地公园.docx"文件，按下面的要求进行操作，并把操作结果存盘。

（1）在第 1 行上方插入 1 行，输入"西溪国家湿地公园"，设置字号为"24 磅"，且"加粗""居中""无首行缩进"，设置段后间距为"1 行"。

（2）对文字"景区简介"下方的第 1 个段落设置首字下沉。

（3）文字"历史文化"所在段落中存在手动换行符，将其替换成段落标记。

（4）使用自动编号。

① 对文字"景区简介""历史文化""三堤五景""必游景点"设置编号，编号格式为"一，二，三(简)…"。

② 对五景中的"秋芦飞雪"和必游景点中的"洪园"重新编号，使其从 1 开始，后面的各个编号应能随之改变。

（5）将从文字"中文名：西溪国家湿地公园"所在行开始的 4 行内容转换成一个 4 行 2 列的表格，并设置无标题行，套用表格样式为"清单表 4-着色 1"。

（6）为文档末尾的图片添加题注，标题为"中国湿地博物馆"。

2．在桌面上建立"会议邀请函.docx"文件，按下面的要求设计会议邀请函。

（1）在一张 A4 纸上，正反面书籍折页打印，横向对折。

（2）页面 1 和页面 4 打印在 A4 纸的同一个版面中；页面 2 和页面 3 打印在 A4 纸的另一个版面中。

（3）4 个页面要求依次显示如下内容。

① 页面 1 显示文字"邀请函"，上、下、左、右均居中对齐，竖排，字体为"隶书"，字号为"72 磅"。

② 页面 2 显示文字"汇报演出定于 2021 年 4 月 21 日，在学生活动中心举行，敬请光临！"，横排。

③ 页面 3 显示文字"演出安排"，横排，居中，应用样式"标题 1"。

④ 页面 4 显示两行文字，第 1 行文字为"时间：2021 年 4 月 21 日"，第二行文字为"地点：学生活动中心"，竖排，左右居中。

毕业论文排版

本项目将以"毕业论文排版"为例，介绍在 Word 2019 中进行长文档排版用到的各种排版技巧，包括通过样式快速设置格式，使用大纲级别的标题自动生成目录，使用分节符把论文分成几个不同的部分，使用域添加页眉和页脚，对毕业论文添加批注和修订等。

5.1 项目导入

小李即将大学生毕业，他在大学要完成的最后一项作业就是对写好的毕业论文进行排版。开始他并没有在意，这是因为在以前进行文字排版时，他都感觉很简单。可是当他看到学校对毕业论文格式的要求后，心里开始慌张了，不知道从何下手。

毕业论文不仅篇幅长，而且格式要求多，处理起来比普通文档要复杂得多。在排版的过程中，小李遇到了以下几个问题。

（1）如何设置论文的文档属性？

（2）如何为论文各个章节和正文快速设置相应的格式？

（3）如何自动生成论文目录？

（4）如何把论文分成封面和摘要、目录、正文 3 个部分，以便对这 3 个部分设置不同的页眉和页脚？

（5）如何让正文奇数页的页眉随论文章标题的不同而改变？如何把正文偶数页的页眉设置为论文题目，并使封面、摘要和目录中没有页眉？

（6）如何在目录和正文的页脚中插入不同数字格式的页码？

这些都是小李从来没有遇到过的问题，于是他去请教张老师，小李在张老师的指导下，一步一步地学会了论文的排版，上述问题迎刃而解。现在小李对文档排版有了比较充分的认识，能够得心应手地使用 Word 2019 对长文档进行排版。下面介绍为毕业论文排版的方法。

5.2 项目分析

小李对如何为论文排版做了详细的分析，论文通常包括封面和摘要、目录、正文 3 个部分。根据学校对论文格式的要求，封面和摘要无页眉和页脚；目录无页眉，但应在页脚中插入页码（可以设置编号格式为"ⅰ,ⅱ,ⅲ,…"）；在正文中，奇数页和偶数页的页眉不同，在奇数页的页眉中插入章标题，在偶数页的页眉中插入论文题目，在页脚中插入页码（格式与目录中的页码格式不同，一般为"1,2,3,…"）。为了完成以上设置，可以在正文前和目录前分别插入分节符，从而把论文分为 3 个部分（3 节）：封面和摘要（第 1 节）、目录（第 2 节）和正文（第 3 节，含致谢和参考文献），效果如图 5-1 所示。

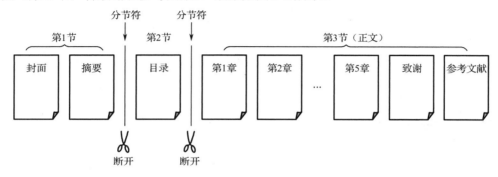

图 5-1 插入分节符的效果

封面通常由学校给出严格的格式，只需从学校官网上下载插入即可。摘要是对论文整体的一个综述。一般，中文摘要在前，英文摘要（可选）在后，各占一页。论文其他部分的排版样式及字体、字号等，学校也有具体的要求，在为论文排版时必须严格遵守。

在使用 Word 2019 对论文进行排版之前，要进行页面设置（纸张大小、页边距、版式等设置）和文档属性设置（标题、作者等设置），而在对论文进行排版的过程中常常需要使用样式，以使论文的各级标题、正文等版面格式符合要求，Word 2019 中已内置了一些常用样式，用户可以直接应用这些样式，也可以根据排版要求，修改这些样式或新建样式。对于正文中各个层次，可以分为一级标题（章标题）、二级标题（节标题）、三级标题（小节标题）和正文。对于正文中的图表和新名词，可以添加题注和脚注。在正文中设置各级标题后，可以使用 Word 2019 的引用功能自动生成论文目录。把论文分成 3 节后，在每节中可以设置不同的页眉和页脚。

论文在被排版后要提交给指导老师审阅，指导老师通过添加批注和修订先对论文提出修改意见，再返回给学生，学生可以接受或拒绝指导老师添加的批注和修订。

由以上分析可知，毕业论文排版可以分为 7 个任务，即设置页面和文档属性、设置标题样式和多级列表、添加题注和脚注、自动生成目录和为论文分节、添加页眉和页脚、添加摘要和封面、添加批注和修订。

毕业论文排版的操作流程如图 5-2 所示，完成效果如图 5-3 所示。

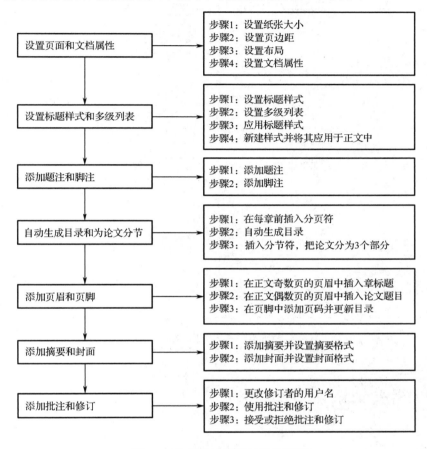

图 5-2　毕业论文排版的操作流程

图 5-3　完成效果

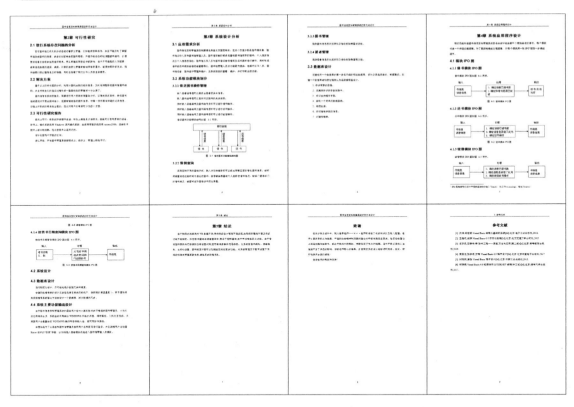

图 5-3　完成效果（续）

5.3　相关知识点

1. 文档属性

文档属性包含了文档的详细信息，如标题、作者、主题、类别、关键词、文件长度、创建日期、最后修改日期和统计信息等。

2. 样式

将字体、字号、缩进、行间距等字符格式和段落格式的设置组合起来，作为集合加以命名和存储即为一个样式。在应用样式时，为同时应用该样式中的所有格式设置指令，可以帮助用户快速格式化文档。

在编排重复格式时，应先创建一个该格式的样式，再在需要的位置套用这种样式，无须一次次地对它们进行重复的格式化操作了。

3. 目录

"目"指篇名或书名，"录"是对"目"的说明和编次。目录是长文档不可缺少的部分。

通过目录可以了解文档结构，并快速定位到需要查询的内容处。在目录中，左侧是标题，右侧是标题对应的页码。

要在长文档中成功添加目录，应正确采用带有级别的样式，如"标题 1～标题 9"样式。由于目录是通过域插入到文档中的（会显示灰色底纹），因此可以更新目录。当文档中的内容或页码有变化时，可以右击目录中的任意位置，在弹出的快捷菜单中选择"更新域"命令，打开"更新目录"对话框进行设置。如果只是页码发生改变，那么可以选中"只更新页码"单选按钮。如果标题内容发生改变，那么可以选中"更新整个目录"单选按钮。

4．节

节是划分文档的一种方式，是独立的排版单位。可以对文档中不同的节设置不同的排版格式，如不同的纸张、不同的页边距、不同的页眉和页脚、不同的页码、不同的页面边框、不同的分栏等。对于建立新文档，默认将整个文档视为一节，此时，整个文档只能采用一致的页面格式。因此，为了在同一个文档中设置不同的页面格式，必须将文档分为若干节。通过插入分节符，可以把文档分为若干节。

5．页眉和页脚

页眉和页脚是页面中的两个特殊区域，分别位于文档中每个页面页边距（页边距指页面中除打印区域外的空白空间）的顶部和底部区域。通常，文档的标题、页码、公司徽标、作者等信息需要被显示在页眉或页脚中。

6．批注和修订

批注和修订是用于审阅他人文档的两种方法。

批注指在阅读文档时提出问题、建议或其他想法。批注不会集成到文档编辑中，只是对文档编辑提出建议。批注中的建议经常会被复制并粘贴到文档中，但批注本身不是文档的一部分。

修订是文档的一部分，修订指对文档进行插入、删除、替换和移动等编辑操作时，使用一种特殊的标记来记录所做的修改。为了便于其他用户或原作者了解对文档所做的修改，可以根据实际情况决定接受或拒绝修订。

7．参考文献

参考文献指为撰写或编辑文章、著作等而引用的有关参考资料，如图书、期刊等。参考文献是出版物不可缺少的重要组成部分。

（1）参考文献类型标识代码。

通常，参考文献类型采用单字母标识。

M——普通图书；C——会议录；N——报纸；J——期刊；D——学位论文；R——报告；S——标准；P——专利。

对于不属于上述类型的参考文献，采用字母 Z 标识。

（2）参考文献的编排格式。

常见参考文献的编排格式及示例如下。

① 普通图书。

格式：[序号] 主要责任者. 书名[M]. 出版地：出版者，出版年：页码.

示例：[1] 梁景红. 网站设计与网页配色[M]. 北京：人民邮电出版社，2021：15-18.

② 期刊中析出的文献。

格式：[序号] 主要责任者. 篇名[J]. 刊名，出版年，卷号（期）：页码.

示例：[2] 薛天. App 界面设计中色彩的搭配应用[J]. 艺术科技，2021,32（21）：102-103.

③ 报纸中析出的文献。

格式：[序号] 主要责任者. 文章名[N]. 报名，出版年-月-日（版次）.

示例：[3] 谢希德. 创造学习的新思路[N]. 人民日报，2008-12-25（10）.

④ 电子资源（不包括电子专著、电子连续出版物、电子学位论文、电子专利）。

格式：[序号] 主要责任者. 文章名[EB/OL].（发表年-月-日）完整网址.

示例：[4] 王明亮.关于中国学术期刊标准化数据库系统工程的进展[EB/OL].（2015-08-10）http://www.cajcd.edu.cn/pub/wml.txt/150810-2.html.

5.4　项目实施

扫一扫

微课：设置页面
和文档属性

5.4.1　任务 1：设置页面和文档属性

在使用 Word 2019 为论文排版之前，要设置页面和文档属性。

步骤 1：打开素材库中的 "毕业论文（素材）.docx"文件，在"布局"选项卡中，单击"页面设置"组右下角的"页面设置"扩展按钮，打开"页面设置"对话框，在"纸张"选项卡中，选择"纸张大小"为"A4"，如图 5-4 所示。

步骤 2：在"页边距"选项卡中，分别设置页边距的"上"为"2.8 厘米"、"下"为"2.5 厘米"、"左"为"3.0 厘米"、"右"为"2.5 厘米"，并选择"装订线"为 0.5 厘米、"装订线位置"为"靠左"、"纸张方向"为"纵向"，如图 5-5 所示。

步骤 3：在"布局"选项卡中，勾选"奇偶页不同"复选框，单击"确定"按钮，如图 5-6 所示。

步骤 4：选择"文件"→"信息"命令，单击窗口右侧窗格中的"属性"下拉按钮，在打开的下拉列表中选择"高级属性"选项，打开"毕业论文（素材）.docx 属性"对话框，在"摘要"选项卡中，设置"标题"为"图书信息资料管理系统的研究与设计"，"作者"为"李想"，"单位"为"××职业技术学院"，单击"确定"按钮，如图 5-7 所示。

图 5-4 "纸张"选项卡

图 5-5 "页边距"选项卡

图 5-6 "布局"选项卡

图 5-7 "摘要"选项卡

5.4.2 任务 2：设置标题样式和多级列表

微课：设置标题样式和多级列表

使用多级列表可以为文档设置层次结构，以便论文内容的组织及阅读。

1. 设置标题样式

步骤 1：在"视图"选项卡中，勾选"显示"组中的"导航窗格"复选框，在窗口左侧将显示导航窗格。

步骤 2：在"开始"选项卡中，右击"样式"组中的"标题 1"样式，在弹出的快捷菜单中选择"修改"命令，如图 5-8 所示。

步骤 3：在"修改样式"对话框中，设置格式为"黑体""三号""加粗""居中"，并勾选"自动更新"复选框，如图 5-9 所示。

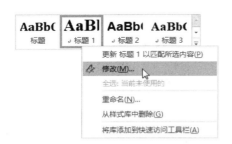

图 5-8　选择"修改"命令　　　　　　　　　图 5-9　"修改样式"对话框

步骤 4：单击"修改样式"对话框左下角的"格式"下拉按钮，在打开的下拉列表中选择"段落"选项，如图 5-10 所示。

步骤 5：在"段落"对话框中，设置段落间距的"段前"和"段后"均为"0.5 行"，"行距"为"单倍行距"，单击"确定"按钮，如图 5-11 所示。在返回的"修改样式"对话框中，单击"确定"按钮，完成"标题 1"样式的设置。

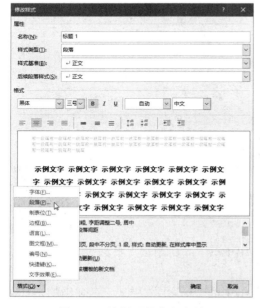

图 5-10　选择"段落"选项　　　　　　　　　图 5-11　"段落"对话框

步骤 6：使用相同的方法，修改"标题 2"样式的格式为"黑体""小三号""加粗""左对齐""自动更新"，且段落间距的"段前"和"段后"均为"0.5 行"，"单倍行距"；"标题 3"样式的格式为"黑体""四号""加粗""左对齐""自动更新"，且段落间距的"段前"和"段后"均为"0.5 行"，"单倍行距"。

2. 设置多级列表

多级列表是用于为列表或文档设置层次结构而创建的列表。创建多级列表可以使列表具有复杂的结构，并使列表的逻辑关系更加清晰。列表最多可以有 9 个级别。

步骤 1：将光标置于文字"第 1 章 问题的定义"所在行中，在"开始"选项卡中，单击"段落"组中的"多级列表"下拉按钮，在打开的下拉列表中选择"定义新的多级列表"选项，如图 5-12 所示。

步骤 2：在打开的"定义新多级列表"对话框中，选择左上角的级别"1"，并在"输入编号的格式"文本框中的"1"的左、右两侧分别输入"第"和"章"，构成"第 1 章"的形式，单击左下角的"更多"按钮，将"将级别链接到样式"设置为"标题 1"、"编号之后"设置为"空格"，如图 5-13 所示。

图 5-12 选择"定义新的多级列表"选项　　　　图 5-13 设置级别"1"的格式

步骤 3：选择左上角的级别"2"，此时"输入编号的格式"文本框中默认为"1.1"，将"将级别链接到样式"设置为"标题 2"、"对齐位置"设置为"0 厘米"、"编号之后"设置为"空格"，如图 5-14 所示。

步骤 4：选择左上角的级别"3"，此时"输入编号的格式"文本框中默认为"1.1.1"，将"将级别链接到样式"设置为"标题 3"、"对齐位置"设置为"0 厘米"、"编号之后"设置为

"空格"，单击"确定"按钮，如图 5-15 所示。此时，"样式"组中的"标题 1""标题 2""标题 3"样式中出现了多级列表，如图 5-16 所示。

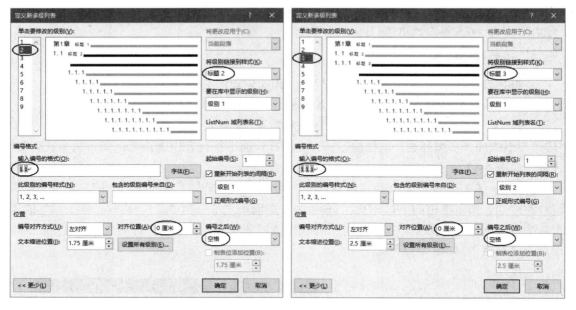

图 5-14　设置级别"2"的格式　　　　图 5-15　设置级别"3"的格式

图 5-16　样式中出现了多级列表

3. 应用标题样式

步骤 1：文字"第 1 章　问题的定义"所在行已经自动应用了"标题 1"样式，使用"格式刷"按钮把文字"第 1 章　问题的定义"的格式复制到其他章标题（第 2 章～第 5 章），以及文字"致谢"和文字"参考文献"上。

步骤 2：在第 2 章～第 5 章的标题中，删除多余的"第 N 章"形式的文字，如图 5-17 所示。

图 5-17　删除多余的文字

步骤 3：将光标置于文字"致谢"左侧，按 2 次 Backspace 键删除左侧的文字，在"开始"选项卡的"段落"组中，单击"居中"按钮 ≡，即可在窗口左侧的导航窗格中看到，前面各章的章编号消失，此时单击快速访问工具栏中的"撤销"按钮 ↺，即可还原前面各章的章编号。

步骤 4：使用相同的方法，删除文字"参考文献"左侧的文字。

步骤 5：将光标置于文字"1.1 问题的提出"所在行中，选择"样式"组中的"标题 2"样式，使其应用"标题 2"样式，使用"格式刷"按钮把文字"1.1 问题的提出"的格式复制到其他所有二级标题中，删除多余的 $X.Y$ 形式的文字。

步骤 6：使用相同的方法，设置所有三级标题的样式为"标题 3"，并删除多余的 *X.Y.Z* 形式的文字。此时，在窗口左侧的导航窗格中可以看到整个文档的标题结构。查看整个文档的标题结构如图 5-18 所示。

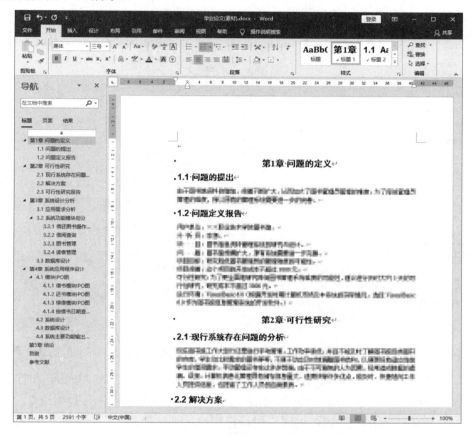

图 5-18　查看整个文档的标题结构

【说明】　（1）为了便于排版，本素材文件中已将所有章名（包括"致谢"和"参考文献"）设置为红色、节名设置为绿色、小节名设置为蓝色。

（2）将"标题 1"样式设置为一级标题，同理，将"标题 2"样式、"标题 3"样式分别设置为二级标题、三级标题。

（3）整个窗口被分成两个部分，左侧的导航窗格显示整个文档的标题结构，右侧窗格显示文档内容。选择导航窗格中的某个标题，会在右侧窗格中显示该标题下的内容，这样可以实现快速定位。

（4）应用样式，实际上就是应用了一组格式。

4. 新建样式并将其应用于正文中

根据排版需要，还可以新建样式。下面新建"正文 01"样式，设置格式为"宋体""五号""左对齐""1.5 倍行距""首行缩进 2 个字符""自动更新"，并把该样式应用于正文中。

步骤 1：将光标置于正文中，在"开始"选项卡中，单击"样式"组右下角的"样式"

扩展按钮，打开"样式"窗格，如图 5-19 所示。

步骤 2：单击"样式"窗格左下角的"新建样式"按钮，打开"根据格式化创建新样式"对话框，设置新建样式的"名称"为"正文 01"，格式为"宋体""五号""左对齐""1.5倍行距"，勾选"自动更新"复选框，如图 5-20 所示。

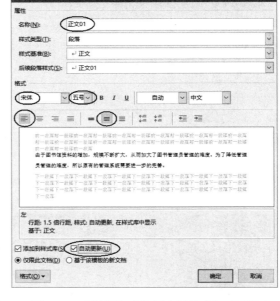

图 5-19   "样式"窗格   图 5-20   "根据格式化创建新样式"对话框

步骤 3：在如图 5-20 所示的对话框中，单击左下角的"格式"下拉按钮，在打开的下拉列表中选择"段落"选项，在打开的"段落"对话框中，设置段落为首行缩进 2 个字符。

步骤 4：单击"确定"按钮，返回"根据格式设置创建新样式"对话框，单击"确定"按钮，完成"正文 01"样式的新建。此时，新建的样式名"正文 01"会出现在"样式"窗格的样式列表中。

步骤 5：把新建的"正文 01"样式应用于所有正文（不包括章名、节名、小节名、空行、图片和题注等）中，关闭"样式"窗格。

5.4.3   任务 3：添加题注和脚注

题注指给图形、表格、文本或其他项目添加带编号的注解。脚注指为某些文本添加注解，以说明该文本的含义和来源。脚注一般位于文档每页的底部，可以用作对本页内容进行解释，适用于对文档中的难点进行说明。

扫一扫

微课：添加题注和脚注

1．添加题注

步骤 1：将光标置于第 1 张图片下一行行首，如图 5-21 所示。在"引用"选项卡中，单击"题注"组中的"插入题注"按钮，打开"题注"对话框。

步骤 2：在"题注"对话框中，单击"新建标签"按钮，打开"新建标签"对话框，在"标签"文本框中输入"图"，单击"确定"按钮，如图 5-22 所示。

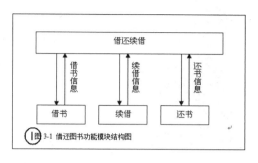

图 5-21　将光标置于第 1 张图片下一行行首　　　　图 5-22　新建标签"图"

步骤 3：在返回的"题注"对话框中，选择刚才新建的标签"图"，单击"编号"按钮，在打开的"题注编号"对话框中，勾选"包含章节号"复选框，单击"确定"按钮，如图 5-23 所示。此时，返回的"题注"对话框的"题注"文本框中的内容由"图 1"变为"图 3-1"，如图 5-24 所示。单击"确定"按钮，完成题注的添加。

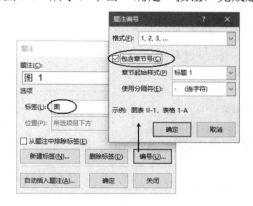

图 5-23　包含章节号　　　　　　　　　　图 5-24　"题注"对话框

步骤 4：删除多余的文字"图 3-1"，删除后，在题注（"图 3-1"）和图片的说明文字（"借还图书功能模块结构图"）之间保留一个空格。

步骤 5：在"开始"选项卡中，单击"段落"组中的"居中"按钮，将该图片的题注居中，选择该图片，同样单击"居中"按钮，将该图片居中。

步骤 6：使用相同的方法，依次对文档中的其余 4 张图片添加题注（删除其中"图 X-Y"形式的多余文字），并将其余 4 张图片及其题注居中。

步骤 7：选择文档的第 1 张图片上一行中的文字"下图"，如图 5-25 所示。在"引用"选项卡中，单击"题注"组中的"交叉引用"按钮，打开"交叉引用"对话框。

步骤 8：在"交叉引用"对话框中，选择"引用类型"为"图"，"引用内容"为"仅标签和编号"，在"引用哪一个题注"列表框中选择需要引用的题注（"图 3-1 借还图书功能模块结构图"），如图 5-26 所示。先单击"插入"按钮，再单击"关闭"按钮，完成文字"下图"

的交叉引用。

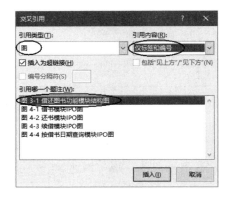

图 5-25　选择文字"下图"　　　　　　　图 5-26　"交叉引用"对话框

步骤 9：使用相同的方法，依次对文档中其余 4 张图片上一行中的文字"下图"进行交叉引用。

如果文档中有表格，那么可以使用同样的方法对其添加题注并进行交叉引用。

2.　添加脚注

下面在文档中首次出现"IPO"的位置添加脚注，脚注内容为"IPO 是指结构化设计中变换型结构的输入（Input）、加工（Processing）、输出（Output）"。

步骤 1：选择文档中首次出现的"IPO"，如图 5-27 所示。

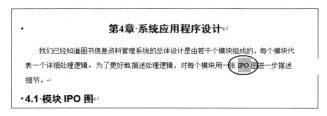

图 5-27　选择文档中首次出现的"IPO"

步骤 2：在"引用"选项卡中，单击"脚注"组中的"插入脚注"按钮 AB^1，在脚注中输入"IPO 是指结构化设计中变换型结构的输入（Input）、加工（Processing）、输出（Output）"，如图 5-28 所示。

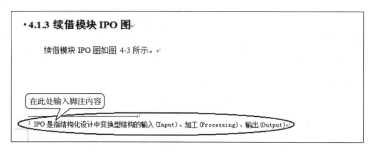

图 5-28　输入脚注内容

5.4.4　任务 4：自动生成目录和为论文分节

在正文中设置各级标题后，为了使每章内容另起一页，可以在每章前
插入分页符，并使用引用功能为论文提取目录。

1. 在每章前插入分页符

步骤 1：将光标置于第 1 章标题"问题的定义"左侧（不是在上一行
的空行中），在"插入"选项卡中，单击"页面"组中的"分页"按钮，在第 1 章前插入
分页符。

步骤 2：选择"文件"→"选项"命令，打开"Word 选项"对话框，在左侧窗格中选择
"显示"选项，在右侧窗格中勾选"显示所有格式标记"复选框，单击"确定"按钮，如图 5-29
所示。此时，即可在文档中显示分页符。

步骤 3：使用相同的方法，在其余 4 章（第 2 章～第 5 章）标题前，以及文字"致谢"
和文字"参考文献"前，依次插入分页符，使它们另起一页显示。

2. 自动生成目录

步骤 1：将光标置于空白页（首页）中，输入"目录"，按 Enter 键，设置文字"目录"
的格式为"黑体""小二""居中"。

步骤 2：将光标置于文字"目录"所在行的下一行中，在"引用"选项卡中，单击"目录"
组中的"目录"下拉按钮，在打开的下拉列表中选择"自定义目录"选项，如图 5-30 所示。

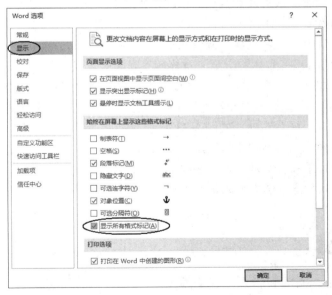

图 5-29　"Word 选项"对话框

图 5-30　选择"自定义目录"选项

步骤 3：在打开的"目录"对话框中，分别勾选"显示页码"复选框和"页码右对齐"
复选框，选择"显示级别"为"3"，单击"确定"按钮，如图 5-31 所示。此时，生成的目录
如图 5-32 所示。

图 5-31　"目录"对话框

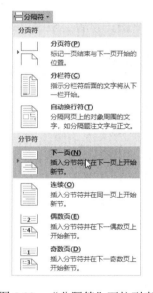

图 5-33　"分隔符"下拉列表

图 5-32　生成的目录

目录

第 1 章 问题的定义 2
　1.1 问题的提出 2
　1.2 问题定义报告 2
第 2 章 可行性研究 3
　2.1 现行系统存在问题的分析 3
　2.2 解决方案 3
　2.3 可行性研究报告 3
第 3 章 系统设计分析 4
　3.1 应用需求分析 4
　3.2 系统功能模块划分 4
　　3.2.1 借还图书操作管理 4
　　3.2.2 借阅查询 4
　　3.2.3 图书管理 5
　　3.2.4 读者管理 5
　3.3 数据库设计 5
第 4 章 系统应用程序设计 6
　4.1 模块 IPO 图 6
　　4.1.1 借书模块 IPO 图 6
　　4.1.2 还书模块 IPO 图 6
　　4.1.3 续借模块 IPO 图 6
　　4.1.4 按借书日期查询模块 IPO 图 7
　4.2 系统设计 7
　4.3 数据库设计 7
　4.4 系统主要功能输出设计 7
第 5 章 结论 8
致谢 9
参考文献 10

3．插入分节符，把论文分为 3 个部分

为了在论文的不同部分设置不同的页面格式，如不同的页眉和页脚、不同的页码等，应先在第 1 章前插入分节符，使目录、正文成为两个不同的节，再在目录前插入分节符，以便在目录前插入封面和摘要。这样，就把整个文档分为 3 节：封面和摘要（第 1 节）、目录（第 2 节）、正文（第 3 节）。在不同的节中，可以设置不同的页眉和页脚。

步骤 1：将光标置于第 1 章标题"问题的定义"左侧，在"布局"选项卡中，单击"页面设置"组中的"分隔符"下拉按钮 ，在打开的"分隔符"下拉列表中选择"分节符"区域的"下一页"选项，如图 5-33 所示。

步骤 2：使用相同的方法，在目录前插入"下一页"分节符，在目录前会添加一张空白页。

【说明】　分节符被显示为双虚线，而分页符被显示为单虚线。

5.4.5　任务 5：添加页眉和页脚

根据毕业论文排版的要求，封面、摘要和目录中没有页眉，正文中有页眉。因为在 5.4.1 节中，已设置页眉和页脚的奇偶页不同，所以要对正文的奇偶页的页眉分别进行设置。在正文奇数页的页眉中插入章标题（一级标题），在正文偶数页的页眉中插入论文题目。

扫一扫

微课：添加页眉和页脚

1. 在正文奇数页的页眉中插入章标题

步骤 1：将光标置于正文第 1 页（奇数页）中，在"插入"选项卡中，单击"页眉和页脚"组中的"页眉"下拉按钮，在打开的下拉列表中选择"编辑页眉"选项，切换到页眉编辑状态，此时光标位于页眉中。

步骤 2：在"页眉和页脚工具/设计"选项卡中，取消"导航"组中的"链接到前一节"按钮的选中状态，确保正文奇数页的页眉与目录奇数页的页眉断开链接，如图 5-34 所示。断开链接后，页眉右下角的文字"与上一节相同"会消失。

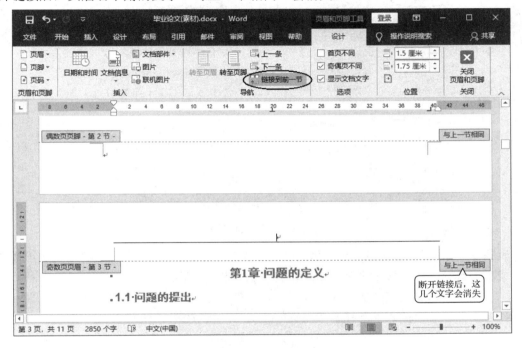

图 5-34　断开链接

步骤 3：在"页眉和页脚工具/设计"选项卡中，单击"插入"组中的"文档部件"下拉按钮，在打开的下拉列表中选择"域"选项，如图 5-35 所示。

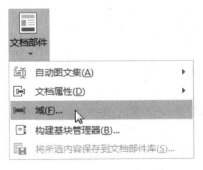

图 5-35　选择"域"选项

步骤4：打开"域"对话框，在"类别"下拉列表中选择"链接和引用"选项，在"域名"列表框中选择"StyleRef"选项，在"样式名"列表框中选择"标题1"选项，勾选"插入段落编号"复选框，单击"确定"按钮，如图5-36所示。此时，在奇数页的页眉中插入了章标题的编号"第1章"，在其后插入一个空格即可。

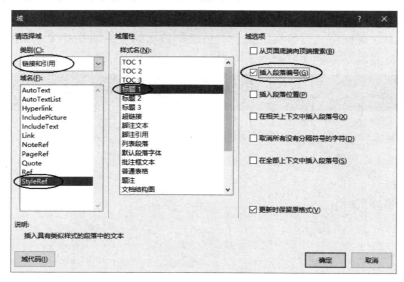

图5-36   "域"对话框1

步骤5：使用相同的方法，插入域。打开"域"对话框，在"类别"下拉列表中选择"链接和引用"选项，在"域名"列表框中选择"StyleRef"选项，在"样式名"列表框中选择"标题1"选项，取消勾选"插入段落编号"复选框，单击"确定"按钮。此时，在章标题的编号"第1章"后面插入了章标题"问题的定义"。插入的章标题如图5-37所示。

图5-37   插入的章标题

2. 在正文偶数页的页眉中插入论文题目

步骤1：将光标置于正文第2页（偶数页）的页眉中，在"页眉和页脚工具/设计"选项卡中，取消"导航"组中的"链接到前一节"按钮的选中状态，确保正文偶数页的页眉与目录偶数页的页眉断开链接。

步骤2：在"页眉和页脚"选项卡中，单击"插入"组中的"文档部件"下拉按钮，在打开的下拉列表中选择"域"选项，打开"域"对话框，在"类别"下拉列表中选择"文档信息"选项，在"域名"列表框中选择"Title"选项，单击"确定"按钮，如图5-38所示。此时，即可在偶数页的页眉中插入已在5.4.1节中设置好的论文题目，即"图书信息资料管理系统的研究与设计"。插入的论文题目如图5-39所示。

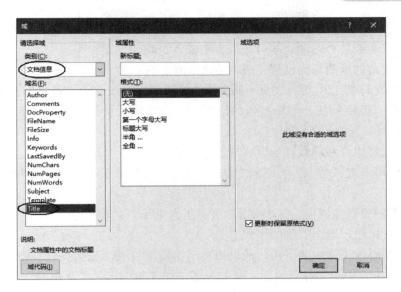

图 5-38　"域"对话框 2

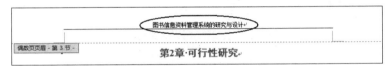

图 5-39　插入的论文题目

3. 在页脚中添加页码并更新目录

步骤 1：将光标置于正文第 1 页（奇数页）的页脚中，在"页眉和页脚工具/设计"选项卡中，取消"导航"组中的"链接到前一节"按钮的选中状态，确保正文奇数页的页脚与目录奇数页的页脚断开链接。断开链接后，页脚右上角的文字"与上一节相同"会消失。

步骤 2：单击"页眉和页脚"组中的"页码"下拉按钮，在打开的下拉列表中选择"设置页码格式"选项，如图 5-40 所示。打开"页码格式"对话框，选择"编号格式"为"1,2,3,…"，选中"起始页码"单选按钮，并设置"起始页码"为"1"，单击"确定"按钮，如图 5-41 所示。至此，页码格式设置完成。

图 5-40　选择"设置页码格式"选项

图 5-41　"页码格式"对话框

步骤 3：单击"页眉和页脚"组中的"页码"下拉按钮，在打开的下拉列表中选择"当前位置"→"普通数字"选项，即可在页脚中插入页码，设置页码居中。

至此，正文奇数页的页码设置完成。下面设置正文偶数页的页码。

步骤 4：将光标置于正文第 2 页（偶数页）的页脚中，与前面的操作方法一样，先取消"导航"组中的"链接到前一节"按钮的选中状态，再插入页码（普通数字），并设置页码居中。

至此，正文奇数页和偶数页的页码均设置完成。

步骤 5：使用设置正文中的页码的方法，设置目录中的页码（页码格式为"i,ii,iii,..."，居中）。

步骤 6：页码设置完成后，在"页眉和页脚工具/设计"选项卡的"关闭"组中，单击"关闭页眉和页脚"按钮，退出页脚编辑状态。

因为已重新设置正文中的页码，所以原自动生成的目录（包括页码）会自动更新。

步骤 7：右击目录中的任意位置，在弹出的快捷菜单中选择"更新域"命令，打开"更新目录"对话框，如图 5-42 所示。根据需要，选中"只更新页码"或"更新整个目录"单选按钮，单击"确定"按钮，即可更新目录。

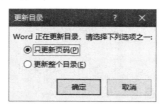

图 5-42　"更新目录"对话框

5.4.6　任务 6：添加摘要和封面

毕业论文中已有目录和正文，下面添加摘要和封面。

步骤 1：在目录前的空白页中，输入摘要（含关键词），并根据需要设置摘要格式，效果如图 5-43 所示。

步骤 2：将光标置于文字"摘要"前，在"插入"选项卡中，单击"页面"组中的"分页"按钮 ，即可在"摘要"前插入一张新空白页。

图 5-43　摘要效果

在新插入的空白页中，插入学校要求的毕业论文封面，封面中一般含有学校名称、论文题目、实习单位、实习岗位、专业和班级、学生姓名、指导老师、日期等，效果如图 5-44 所示。各所学校对封面的要求可能会有所不同，根据实际情况填写封面中的相关内容即可。论文题目、实习单位、指导老师等内容可以通过左对齐制表符实现左对齐。

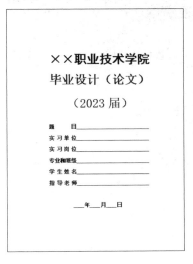

图 5-44　封面效果

5.4.7　任务 7：添加批注和修订

扫一扫

微课：添加批注和修订

至此，毕业论文的排版已基本结束。下面添加批注和修订。

1. 更改修订者的用户名

步骤 1：在"审阅"选项卡中，单击"修订"组右下角的"修订选项"扩展按钮，打开"修订选项"对话框，如图 5-45 所示。

【说明】　"修订"按钮的上半部分为图形按钮，单击它开始修订或取消修订；下半部分为下拉按钮，单击它会打开下拉列表。

步骤 2：单击"更改用户名"按钮，打开"Word 选项"对话框，在左侧窗格中选择"常规"选项，在右侧窗格中的"用户名"文本框中输入修订者的用户名，如"黄老师"，在"缩写"文本框中输入用户名的缩写，如"Huang"，单击"确定"按钮，如图 5-46 所示。返回"修订选项"对话框，单击"确定"按钮。

2. 使用批注和修订

步骤 1：单击"审阅"选项卡的"修订"组中的"显示以供审阅"下拉按钮，在打开的下拉列表中选择"所有标记"选项，如图 5-47 所示。单击"显示标记"下拉按钮，在打开的下拉列表中选择"批注框"→"在批注框中显示修订"选项，如图 5-48 所示。

步骤 2：单击"修订"组中的"修订"图形按钮，此时该图形按钮处于选中状态，表示可以开始修订。

图 5-45 "修订选项"对话框

图 5-46 "Word 选项"对话框

图 5-47 选择"所有标记"选项

图 5-48 选择"在批注框中显示修订"选项

步骤 3：在文字"第 1 章 问题的定义"所在页面的文字"项目"所在行中，删除文字"馆"，并在该行行尾的句号前插入文字"系统的研究与设计"，此时在右侧的批注框中显示了文字"删除了：馆"，而对于插入的文字"系统的研究与设计"则以蓝色显示，并添加了单下画线。

步骤 4：使用相同的方法，把下一行中的文字"更新"修改为文字"完善"。添加修订的效果如图 5-49 所示。

图 5-49 修订效果

步骤 5：选择该页面中第 1 次出现的文字"Basic6.0"，单击"批注"组中的"新建批注"按钮，在页面右侧的批注框中输入"中间应该有一空格"，该文字前会自动加上人像和批注者的用户名。

步骤 6：使用相同的方法，对第 2 次出现的文字"Basic6.0"添加相同的批注。添加批注的效果如图 5-50 所示。

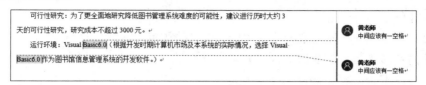

图 5-50 添加批注的效果

步骤 7：在如图 5-47 所示的下拉列表中，选择其他选项，注意查看文档的显示效果。

步骤 8：在如图 5-48 所示的下拉列表中，选择其他选项，注意查看文档的显示效果。

用户对文档进行修改后将显示标记，不同类型的修改显示不同的标记。例如，在默认情况下，插入的内容将会显示单下画线。实际上，用户可以自行修订标记的样式和颜色，以便更好地区别标记。

步骤 9：在如图 5-45 所示的对话框中，单击"高级选项"按钮，打开"高级修订选项"对话框，如图 5-51 所示。在该对话框中，用户可以自行修订标记的样式和颜色。

步骤 10：单击"保护"组中的"限制编辑"按钮🔒，打开"限制编辑"窗格，如图 5-52 所示。在该窗格中，用户可以对文档的格式和编辑设置各种限制，设置完成后，关闭"限制编辑"窗格。

图 5-51 "高级修订选项"对话框　　　图 5-52 "限制编辑"窗格

3. 接受或拒绝批注和修订

指导老师在对学生的毕业论文添加批注和修订后，学生可以根据实际情况，接受或拒绝指导老师添加的批注和修订。

对于修订，可以查看插入或删除的内容、修改的作者，以及修改的时间。当接受修订时，将把修订的内容转换为常规文字。接受删除即将删除的内容从整个文档中删除；拒绝插入即将插入的内容从整个文档中删除；拒绝删除即保留原始文本。如果接受格式更改，那么会将更改的格式应用于文档的最终版本；如果拒绝格式更改，那么格式将被删除。

图 5-53　"审阅窗格"下拉列表

步骤 1：单击"修订"组中的"审阅窗格"下拉按钮，在打开的下拉列表中选择"垂直审阅窗格"选项，如图 5-53 所示。此时，会显示垂直审阅窗格，如图 5-54 所示。

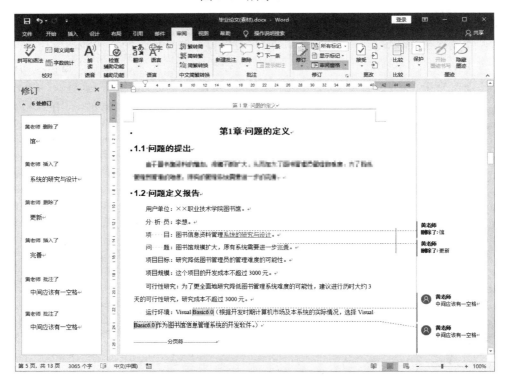

图 5-54　垂直审阅窗格（左窗格）

步骤 2：将光标置于垂直审阅窗格中的第 1 条修订处，若单击"更改"组中的"接受"图形按钮（或选择"接受"下拉列表中的"接受此修订"选项），则表示接受此修订，修订内容会被转换为常规文字。接受修订后，在垂直审阅窗格中，光标会自动转到下 1 条修订处。

若单击"更改"组中的"拒绝"图形按钮（或选择"拒绝"下拉列表中的"拒绝更改"

选项），则表示拒绝修订，保留原始文字。

步骤 3：使用相同的方法，接受或拒绝其他 3 处的修订。

批注不同于修订，当接受或拒绝批注时，文档内容本身不会发生变化，接受批注就是不理批注，批注本身还会保留，拒绝批注则是删除批注本身。根据批注中的建议或提示，可以手动修改文档中的内容。

步骤 4：在垂直审阅窗格中，当将光标置于第 1 条批注处时，根据批注（"中间应该有一空格"），在文档中第 1 次出现的文字"Basic6.0"中间插入一个空格，即把文字"Basic6.0"修改为文字"Basic 6.0"，单击"更改"组中的"拒绝"图形按钮，即删除批注本身。

步骤 5：使用相同的方法，对另一条批注进行相同的处理。

【说明】　"接受"按钮或"拒绝"按钮的上半部分均为图形按钮，单击它会接受或拒绝修订；下半部分均为下拉按钮，单击它会打开下拉列表，如图 5-55 所示。

（a）"接受"按钮

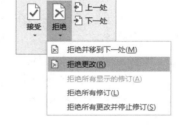

（b）"拒绝"按钮

图 5-55　"接受"按钮和"拒绝"按钮

步骤 6：再次单击"修订"组中的"修订"图形按钮，此时该图形按钮处于未选中状态，表示结束修订。

5.5　总结与提高

本项目以"毕业论文排版"为例，介绍了在 Word 2019 中进行长文档的排版技巧，重点介绍了样式、节、页眉和页脚的设置方法。

在创建标题样式时，要明确各级别之间的相互关系及正确设置标题编号格式等，否则，将会出现标题级别混乱的状况。

可以为文档自动生成目录，以使目录的制作变得非常简便，但前提是已经为各级标题设置了样式。当目录标题或页码发生变化时，注意及时更新目录。

使用分节符可以将文档分成若干节，不同的节可以设置不同的页面格式，如不同的纸张、不同的页边距、不同的页眉和页脚、不同的页码、不同的页面边框、不同的分栏等。注意，在使用分节符时不要与分页符混淆。

在设置不同的页眉和页脚时，可以通过设置页眉和页脚的奇偶页不同实现，要注意断开不同的节之间的链接，可以通过插入域来设置页眉和页脚。

　　题注指给图形、表格、文本或其他项目添加带编号的注解。使用 Word 2019 可以对题注进行自动编号。如果移动、添加或删除带题注的某个项目，那么会自动调整编号。一旦某个项目被添加了题注，用户就可以对其建立交叉引用。

　　在文档中，有时要为某些文本添加注解，以说明该文本的含义和来源，这种注解被称为脚注。脚注一般位于文档每页的底部，可以用作对本页内容进行解释，适用于对文档中的难点进行说明。

5.6　拓展知识：图灵奖获得者姚期智

　　姚期智，1946 年生于上海，1967 年在台湾读完大学以后赴美国深造，1972 年取得哈佛大学物理学博士学位，1975 年在伊利诺伊大学取得第二个博士学位，即计算机科学博士学位。之后，他曾先后在麻省理工学院、斯坦福大学、加州大学伯克利分校等美国著名高等学府从事教学与研究工作。他在 1986 年任职于普林斯顿大学；2003 年受聘为清华大学计算机系讲席教授；2004 年正式加盟清华大学高等研究中心，担任全职教授；2007 年领导成立了清华大学理论计算机科学研究中心；2016 年放弃美国国籍成为中国公民，正式转为中国科学院院士。

　　多年来，姚期智在数据组织、基于复杂性的伪随机数生成理论、密码学、通信复杂性，乃至量子通信和计算等多个尖端科研领域，都做出了巨大的贡献。他发表的学术论文，几乎覆盖了计算复杂性的所有方面，并在获得图灵奖之前，就已经在不同的科研领域屡获殊荣，曾获美国工业与应用数学学会乔治·波利亚奖和以算法设计大师克努特命名的首届克努特奖，是国际上计算机理论方面拔尖的学者。

　　图灵奖是由美国计算机协会于 1966 年设立的计算机奖项，名称取自艾伦·马西森·图灵（Alan Mathison Turing），旨在奖励对计算机事业做出重要贡献的个人。图灵奖的获奖要求极高，评奖程序极严，一般每年仅授予一名计算机科学家。图灵奖是计算机领域的国际最高奖项，被誉为"计算机界的诺贝尔奖"。姚期智于 2000 年获得图灵奖，是迄今为止获得此项殊荣的唯一一名亚裔计算机科学家。

5.7　习题

一、选择题

1．在 Word 2019 中查找和替换正文时，若操作错误则＿＿＿＿＿＿。
　　A．必须手动恢复　　　　　　　　　B．有时可恢复，有时无可挽回
　　C．无可挽回　　　　　　　　　　　D．可以使用"撤销"按钮来恢复

2. 下列关于页眉和页脚的叙述错误的是＿＿＿＿＿。

　　A．文档内容可以和页眉、页脚同时处于编辑状态

　　B．文档内容可以和页眉、页脚一起打印

　　C．在编辑页眉和页脚时不能编辑文档内容

　　D．在页眉和页脚中可以设置格式和插入剪贴画

3. Word 2019 中的样式是一组＿＿＿＿＿的集合。

　　A．格式　　　　　　B．模板　　　　　C．公式　　　　　D．控制符

4. 假设插入点在文档中的某个字符之后，当选择某个样式时，该样式就对当前＿＿＿＿＿
起作用。

　　A．行　　　　　　　B．列　　　　　　C．段　　　　　　D．页

5. 在 Word 2019 中编辑毕业论文时，若想为其建立便于更新的目录，应先对各行标题
设置＿＿＿＿＿。

　　A．字体　　　　　　B．字号　　　　　C．样式　　　　　D．居中

6. 在 Word 2019 中，假设存在图 1、图 2、…、图 10 共 10 张图片，如果删除了图 2，
希望图 3、图 4、…、图 10 自动变为图 2、图 3、…、图 9，那么应将图 1、图 2、…、图 10
设置为＿＿＿＿＿。

　　A．脚注　　　　　　B．尾注　　　　　C．题注　　　　　D．索引

7. 在 Word 2019 中插入题注需要加入章节号时，如"图 1-1"，无须进行的操作是＿＿＿＿＿。

　　A．对章节的起始位置套用内置标题样式

　　B．对章节的起始位置应用多级符号

　　C．对章节的起始位置应用自动编号

　　D．自定义题注样式为"图"

8. 在 Word 2019 中新建段落样式时，可以设置字体、编号等多个样式属性，以下不属
于样式属性的是＿＿＿＿＿。

　　A．制表位　　　　　B．语言　　　　　C．文本框　　　　　D．快捷键

9. 常用的打印纸张大小 A3 和 A4 的关系是＿＿＿＿＿。

　　A．A3 是 A4 的一半　　　　　　　B．A3 是 A4 的两倍

　　C．A4 是 A3 的四分之一　　　　　D．A4 是 A3 的两倍

10. 若文档被分为多节，并已在"页面设置"选项卡中勾选了"奇偶页不同"复选框，
则以下关于页眉和页脚的说法正确的是＿＿＿＿＿。

　　A．文档中所有奇数页的页眉和偶数页的页眉必然都不相同

　　B．文档中所有奇数页的页眉和偶数页的页眉可以都不相同

　　C．每节中奇数页的页眉和偶数页的页眉必然不相同

　　D．每节中奇数页的页眉和偶数页的页眉可以不相同

二、实践操作题

1. 在桌面上建立 Example.docx 文件，该文件由 6 页组成。

（1）第 1 页中第 1 行的内容为"浙江"，样式为"正文"。

（2）第 2 页中第 1 行的内容为"江苏"，样式为"正文"。

（3）第 3 页中第 1 行的内容为"浙江"，样式为"正文"。

（4）第 4 页中第 1 行的内容为"江苏"，样式为"正文"。

（5）第 5 页中第 1 行的内容为"安徽"，样式为"正文"。

（6）第 6 页为空白页。

（7）在页脚处插入 X/Y 形式的页码，其中 X 为当前页数，Y 为总页数，居中显示。

（8）使用自动索引，建立"MyIndex.docx"文件。其中，标记为索引项的文字 1 为"浙江"，主索引项 1 为"Zhejiang"；标记为索引项的文字 2 为"江苏"，主索引项 2 为"Jiangsu"。使用 MyIndex.docx 文件，在 Example.docx 文件的第 6 页中创建索引。

2．在桌面上建立 MyDoc.docx 文件，该文件由 6 页组成。

（1）第 1 页和第 2 页为一节，第 3 页和第 4 页为一节，第 5 页和第 6 页为一节。

（2）每页显示 3 行内容，左右居中对齐，样式为"正文"。

① 第 1 行显示的内容为"第 x 节"。

② 第 2 行显示的内容为"第 y 页"。

③ 第 3 行显示的内容为"共 z 页"。

其中 x、y、z 是通过插入域自动生成的，以中文数字（壹、贰、叁）的形式显示。

（3）每页 40 行，每行 30 个字符。

（4）为每行文字添加行号，从 1 开始，为每节重新编号。

3．对素材库中的"练习文档.docx"文件按下面的要求进行操作，并将结果存盘。注意，及时保存操作结果。

（1）对正文进行排版。

① 使用多级符号对章名、节名自动编号，代替原始的编号。

- 章名的自动编号格式为"第 X 章"，其中 X 为自动排序，阿拉伯数字序号，对应级别 1，居中显示。

- 节名的自动编号格式为"$X.Y$"，其中 X 为章序号，Y 为节序号，X、Y 均为阿拉伯数字序号，对应级别 2，左对齐显示。

② 新建样式，样式名为"样式 12345"。

- 字体：中文字体为楷体，西文字体为 Time New Roman，字号为小四。

- 段落：首行缩进 2 个字符，段前和段后间距均为 0.5 行，1.5 倍行距，两端对齐，其余格式保持默认设置。

③ 对正文中的图片添加题注"图"，位于图片下方，居中显示。

- 编号为"'章序号'-'图片在章中的序号'"。例如，第 1 章中第 2 张图片题注的编号为 1-2。

- 在图片下一行中添加文字对图片进行说明，格式同编号。

- 图片居中显示。

④ 对正文中出现"如下图所示"的文字"下图"进行交叉引用。

- 改为"图 X-Y"，其中"X-Y"为题注的编号。

⑤ 对正文中的表格添加题注"表"，位于表格上方，居中显示。

- 编号为"'章序号'-'表格在章中的序号'"。例如，第 1 章中第 1 个表格题注的编号为 1-1。
- 在表格上一行中添加文字对表格进行说明，格式同编号。
- 表格居中显示，表格中的文字不要居中显示。

⑥ 对正文中出现"如下表所示"中的文字"下表"进行交叉引用。

- 改为"表 X-Y"，其中"X-Y"为题注的编号。

⑦ 对正文中首次出现的文字"Access"的位置插入脚注。

- 添加文字"Access 是由微软发布的关联式数据库管理系统。"。

⑧ 将上面②中新建的样式应用到正文中无编号的文字中，不包括章名、节名、表格中的文字、表格和图片的题注与脚注。

（2）在正文前按顺序插入 3 节，使用 Word 2019 提供的功能，自动生成如下内容。

① 第 1 节：目录。其中，目录使用"标题 1"样式，居中显示；文字"目录"下为目录项。

② 第 2 节：图片索引。其中，图片索引使用"标题 1"样式，居中显示；文字"图片索引"下为图片索引项。

③ 第 3 节：表格索引。其中，表格索引使用"标题 1"样式，居中显示；文字"表格索引"下为表格索引项。

（3）使用合适的分节符，对正文进行分节。添加页脚，使用域插入页码，居中显示。

① 正文前的节的页码格式为" i,ii,iii,..."，页码连续。

② 正文中的节的页码格式为"1,2,3,..."，页码连续。

③ 正文中每章为单独 1 节，页码总是从奇数开始。

④ 更新目录、图片索引和表格索引。

（4）为正文添加页眉。插入域，按以下要求添加内容，居中显示。

① 对于奇数页，页眉中的文字为"章序号　章名"。例如，"第 1 章　XXX"。

② 对于偶数页，页眉中的文字为"节序号　节名"。例如，"1.1　XXX"。

项目 6

信封和成绩单批量制作

本项目将以"信封和成绩单批量制作"为例，介绍如何使用 Word 2019 的"邮件合并"功能批量制作信封和成绩单等方面的相关知识。

6.1 项目导入

学生成绩单

（2023—2024 学年第二学期　计 23-1 班）

学号	姓名	高等数学	大学英语	体育	思想道德与法治	信息技术	C 语言程序设计	网页设计

图 6-1　空白学生成绩单

在每个学期结束时，计 23-1 班的班主任刘老师都要做一件比较棘手的事情：根据已有的各科成绩，给每个学生发一份填写完成的学生成绩单。空白学生成绩单如图 6-1 所示。空白学生成绩单填写完成后，要根据班级通讯录把填写完成的成绩单邮寄给学生。计 23-2 班的班主任陈老师也遇到了相同的问题，陈老师一开始将空白学生成绩单复制了 50 份，但接下来的事情却让他犯了愁，要把每个学生的学号、姓名及分数填写进去，并不是一件轻松的事情，不仅工作量大，而且极易出错。

陈老师听说刘老师使用 Word 2019 的"邮件合并"功能解决了这个问题，于是陈老师找到刘老师，希望刘老师帮助他解决以下几个问题。

（1）如何根据班级通讯录快速批量制作信封？

（2）如何根据已有的各科成绩快速批量制作学生成绩单？

刘老师了解情况后，向陈老师介绍了自己的做法。经过刘老师的指点，陈老师顺利地完成了任务。以下是刘老师的做法。

6.2　项目分析

为了使下面的操作更加简便，可以把班级通讯录中的内容和各科成绩合并到同一个工作表中。这里以“学生成绩.xlsx”文件中的“学生成绩”工作表为例进行说明。“学生成绩”工作表如图 6-2 所示。

学号	姓名	地址	邮编	高等数学	大学英语	体育	思想道德与法治	信息技术	C语言程序设计	网页设计
2023207101	蔡明	武汉市水果湖东湖路16号	430071	74	70	75	76	98	79	64
2023207102	曹贵斌	广州市艺苑路东庆街2号	510310	87	68	77	83	60	66	72
2023207103	董文宁	深圳市桂园路红围街3号	518001	77	66	96	61	68	71	73
2023207104	方必杰	长春市人民大街158号	130022	52	54	86	91	97	99	96
2023207105	顾芳	合肥市长江中路57号	230001	63	64	73	95	53	68	71
2023207106	何杰	上海市绍兴路21号	200020	79	94	79	68	84	83	92
2023207107	黄敏	上海市凤阳路660号	200041	85	50	85	94	76	72	99
2023207108	姜敏杰	武汉市汉口洞庭街127号	430014	66	87	95	88	77	89	85
2023207109	李皖东	深圳市彩田南路26号	518026	66	74	90	51	54	89	95
2023207110	林小峰	西安市友谊东路22号	710054	87	78	62	60	57	81	72
2023207111	戚旭飞	武汉市珞瑜路456号	430070	81	51	83	70	67	87	85
2023207112	刘明	郑州市金水路17号	450003	72	97	97	94	86	67	75
2023207113	段海峰	郑州市农业路73号	450002	77	55	83	61	95	85	50
2023207114	张迎	杭州市文三路20号	310012	51	75	73	92	78	77	61
2023207115	李泓	南昌市阳明路139号	330006	79	54	86	88	87	68	76
2023207116	孙莉莉	杭州市平海路61号	310006	89	51	88	70	75	87	53
2023207117	任俊兵	济南市英雄山路4号	250004	72	55	65	66	61	69	90

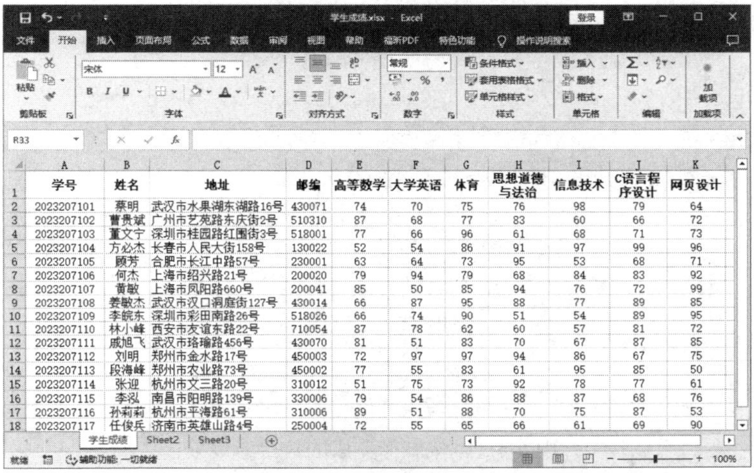

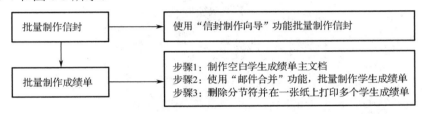

图 6-2　“学生成绩”工作表

对于信封，先使用“信封制作向导”功能快速制作信封，再使用“邮件合并”功能将学生的姓名、地址、邮编等合并到信封中，生成每个学生一个信封。

对于学生成绩单，先制作好空白学生成绩单主文档，再使用“邮件合并”功能将各科成绩合并到学生成绩单中，为每个学生生成一个成绩单。为了提高打印速度和节约打印纸张，应删除邮件合并后文件中的分节符，以实现在一张纸中打印多个学生成绩单。打印出每个学生的信封和成绩单，并邮寄给他们。

由以上分析可知，信封和成绩单批量制作可以分为 2 个任务，即批量制作信封和批量制作成绩单。

信封和成绩单批量制作的操作流程如图 6-3 所示。批量制作完成的信封和成绩单的效果分别如图 6-4 和图 6-5 所示。

图 6-3　信封和成绩单批量制作的操作流程

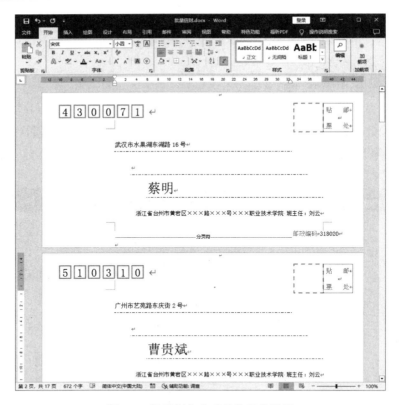

图 6-4　批量制作完成的信封的效果

图 6-5　批量制作完成的成绩单的效果

6.3　相关知识点

1．邮件合并

"邮件合并"功能最初是在批量处理邮件文档时提出的，具体来说，就是在邮件文档（主文档）的固定内容（相当于模板）中，合并与发送信息相关的一组数据。这些数据可以来自 Excel 工作表、Access 数据表等数据源中，从而批量生成需要的邮件文档，大大提高工作效率。

使用"邮件合并"功能除了可以批量制作信封、信函等与邮件相关的文档，还可以轻松地批量制作标签、请柬、工资条、成绩单、准考证、获奖证书等文档。

"邮件合并"功能的适用范围是，需要制作的数量比较大且文档中的内容可以分为固定不变的部分和变化的部分，如打印信封，寄信人信息是固定不变的部分，而收信人信息是变化的部分，变化的部分来自含有标题行的数据表。

2．信封制作向导

"信封制作向导"功能是 Word 2019 中提供的一个向导式邮件合并工具。使用"信封制作向导"功能可以快速地批量制作信封。

3．域

简单来说，域就是引导在文档中自动插入文字、图形、页码或其他信息的一组代码。每个域都有一个唯一的名称。域的功能与 Excel 2019 中函数的功能相似。

使用域可以在无须人工干预的条件下自动完成任务。例如，编排文档页码并统计总页数；按不同格式插入日期和时间并更新；通过链接与引用在活动文档中插入其他文档；自动编制目录；实现邮件的自动合并与打印；创建标准格式分数，为汉字加注拼音等。

域也可以被格式化。可以将字体、段落和其他格式应用于域结果，使它们融合在文档中，有时，如果不仔细看那么看不出域中的信息。

6.4　项目实施

扫一扫

微课：批量制作
信封

6.4.1　任务 1：批量制作信封

批量制作信封可以通过"信封制作向导"功能实现。

步骤 1：启动 Word 2019，在"邮件"选项卡中，单击"创建"组中的"中文信封"按钮，打开"信封制作向导"对话框的"信封制作向导"界面，如图 6-6 所示。

步骤 2：单击"下一步"按钮，进入"选择信封样式"界面，单击"信封样式"下拉按钮，在打开的下拉列表中选择符合国家标准的信封型号，这里选择"国内信封-DL（220×110）"选项，界面中还提供了 4 个打印复选框，用户可以根据实际需要勾选相应的复选框，这里勾选所有复选框，如图 6-7 所示。

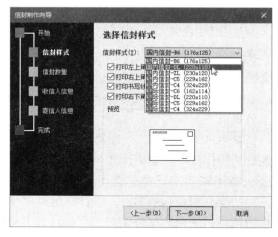

图 6-6   "信封制作向导"界面   图 6-7   "选择信封样式"界面

步骤 3：单击"下一步"按钮，进入"选择生成信封的方式和数量"界面，选择生成信封的方式和数量，这里选中"基于地址簿文件，生成批量信封"单选按钮，如图 6-8 所示。

步骤 4：单击"下一步"按钮，进入"从文件中获取并匹配收信人信息"界面，单击"选择地址簿"按钮，在打开的对话框中选择并打开素材库中的"学生成绩.xlsx"文件，在"匹配收信人信息"区域中设置收信人与地址簿中的对应项，这里只选择了"姓名"、"地址"和"邮编"选项，如图 6-9 所示。

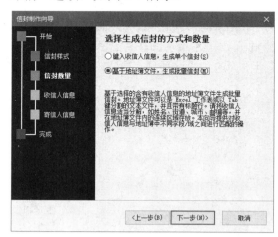
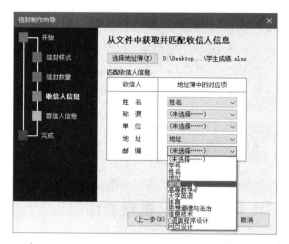

图 6-8   "选择生成信封的方式和数量"界面   图 6-9   "从文件中获取并匹配收信人信息"界面

【说明】 在打开地址簿文件时，默认打开文本文件。如果地址簿文件为 Excel 文件，那么应在"打开"对话框的"文件类型"下拉列表中选择"Excel"选项。

步骤 5：单击"下一步"按钮，进入"输入寄信人信息"界面，输入寄信人的姓名、单位、地址和邮编。由于在批量制作的信封上都需要有相同的寄信人信息，因此此时可以填写真实的寄信人信息，如图 6-10 所示。

图 6-10　"输入寄信人信息"界面

步骤 6：单击"下一步"按钮，再单击"完成"按钮，生成一个新的文档，内容如图 6-4 所示。最后单击"保存"按钮保存生成的信封，命名为"批量信封.docx"。

6.4.2　任务 2：批量制作成绩单

批量制作成绩单可以使用"邮件合并"功能实现。

1．制作空白学生成绩单主文档

步骤 1：新建空白文档，制作标题为"学生成绩单"的表格，并设置适当的格式，先不输入各科成绩，在文档末尾添加 2～3 行空行（以便下面在一页中打印多个学生成绩单）。

步骤 2：单击快速访问工具栏中的"保存"按钮，保存文件，将文件命名为"学生成绩单主文档.docx"。

2．使用"邮件合并"功能，批量制作学生成绩单

步骤 1：打开刚才建立的"学生成绩单主文档.docx"文件，在"邮件"选项卡中，单击"开始邮件合并"组中的"开始邮件合并"下拉按钮，在打开的"开始邮件合并"下拉列表中选择"普通 Word 文档"选项，如图 6-11 所示。

步骤 2：单击"开始邮件合并"组中的"选择收件人"下拉按钮，在打开的"选择收件人"下拉列表中选择"使用现有列表"选项，如图 6-12 所示。

步骤 3：在打开的"选取数据源"对话框中，选择素材库中的"学生成绩.xlsx"文件，如图 6-13 所示。

图 6-11 "开始邮件合并"下拉列表

图 6-12 "选择收件人"下拉列表

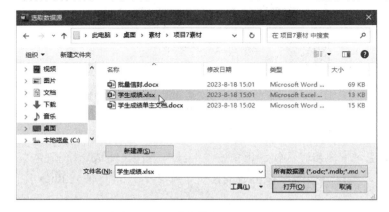

图 6-13 "选取数据源"对话框

步骤 4：单击"打开"按钮，弹出"选择表格"对话框，选择"学生成绩$"工作表，单击"确定"按钮，如图 6-14 所示。

步骤 5：将光标置于文字"学号"下方的空白单元格中，单击"编写和插入域"组中的"插入合并域"下拉按钮，在打开的"插入合并域"下拉列表中选择"学号"选项，如图 6-15 所示。这时就在文字"学号"下方的空白单元格中插入了"《学号》"合并域。

图 6-14 "选择表格"对话框

图 6-15 "插入合并域"下拉列表

【说明】 "插入合并域"下拉列表中的各个选项就是"学生成绩$"工作表中的各个字段名。

步骤 6：使用相同的方法，在所有其他空白单元格中插入相应的合并域。插入全部合并域的学生成绩单如图 6-16 所示。

步骤 7：单击"完成"组中的"完成并合并"下拉按钮，在打开的"完成并合并"下拉列表中选择"编辑单个文档"选项，如图 6-17 所示。

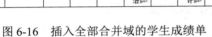

图 6-16　插入全部合并域的学生成绩单　　　　图 6-17　"完成并合并"下拉列表

【说明】 如果选择"打印文档"选项，那么可以直接批量打印学生成绩单；如果选择"发送电子邮件"选项，那么可以将批量生成的学生成绩单通过邮件发送给指定收件人。

步骤 8：在打开的"合并到新文档"对话框中，选中"全部"单选按钮，如图 6-18 所示。

步骤 9：单击"确定"按钮，完成邮件合并。此时，系统会为每个学生生成一个成绩单，并将其在新文档中一一列出。邮件合并的效果如图 6-19 所示。

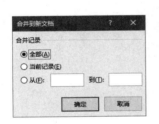

图 6-18　"合并到新文档"对话框　　　　图 6-19　邮件合并的效果

3. 删除分节符并在一页中打印多个学生成绩单

在这个邮件合并后的新文档（信函 1.docx）中，一页中只保存了一个学生成绩单（有多页），这是因为每页的最后都有分节符。为了提高打印速度和节约打印纸张，可以设计在一页中打印 3～4 个学生成绩单。

步骤 1：在"开始"选项卡中，单击"编辑"组中的"替换"按钮，打开"查找和替换"对话框，如图 6-20 所示。

步骤 2：在"替换"选项卡中，将光标置于"查找内容"文本框中，先单击对话框左下角的"更多"按钮，再单击对话框底部的"特殊格式"下拉按钮，在打开的下拉列表中选择"分节符"选项，如图 6-21 所示。此时，在"查找内容"文本框中输入了特殊符号"^b"。

图 6-20　"查找和替换"对话框　　　　　　　　图 6-21　选择"分节符"选项

步骤 3：不需在"替换为"文本框中输入任何内容，即可把分节符替换为空白，相当于删除分节符，单击"全部替换"按钮即可全部替换。保存文件并将其命名为"批量学生成绩单.docx"。

【说明】 删除所有分节符，目的是使所有成绩单连贯起来，这样在一页中就可以容纳 3~4 个学生成绩单，中间以空行分隔。

6.5　总结与提高

"邮件合并"功能用于将主文档和存储数据的文档或数据库链接在一起，成批地将数据填写到主文档的指定位置，从而极大地提高文档的制作效率。使用"邮件合并"功能除了可以批量制作信封、信函等与邮件相关的文档，还可以轻松地批量制作标签、请柬、工资条、成绩单、准考证、获奖证书等文档。

合并邮件的操作方法，归纳起来主要有以下 3 步。

（1）建立数据源，制作文档中变化的部分。一般使用 Word 及 Excel 表格、Access 数据表等，可以事先创建好数据源，如"学生成绩.xlsx"文件，在使用时直接打开即可。

（2）建立主文档，制作文档中固定不变的部分，相当于制作模板，如制作空白学生成绩表。

（3）插入合并域，以域的方式将数据源中相应的内容插入主文档。

如果插入的不是域的数据，那么可以直接在主文档中输入。

6.6   拓展知识：863 计划

1986 年 3 月，面对世界高技术蓬勃发展、国际竞争日趋激烈的严峻挑战，邓小平同志在王大珩、王淦昌、杨嘉墀和陈芳允 4 位科学家提出的"关于跟踪研究外国战略性高技术发展的建议"和朱光亚的极力倡导下，做出"此事宜速作决断，不可拖延"的重要批示。在充分论证的基础上，党中央、国务院果断决策，于 1986 年 11 月启动实施了"高技术研究发展计划"，简称"863 计划"。根据"有限目标，突出重点"的方针，"863 计划"确定了 7 个对我国今后发展有重大影响的高技术领域，即生物技术、航天技术、信息技术、激光技术、自动化技术、能源技术和新材料领域。1996 年，又增加了海洋技术领域。

"863 计划"作为中国高技术研究与开发的一项战略性计划，经过多年的实施，有力地促进了中国高技术及其产业发展。它不仅成了中国高技术发展的一面旗帜，而且成了中国科学技术发展的一面旗帜。2016 年，随着国家重点研发计划的出台，"863 计划"完成了自己的历史使命。

6.7   习题

实践操作题

1．在桌面上建立"成绩.docx"文件，内容如表 6-1 所示。其操作要求如下。

表 6-1   考生成绩表

姓　　名	语　　文	数　　学	英　　语
张三	80	91	98
李四	78	69	79
王五	87	86	76
赵六	65	97	81

（1）使用"邮件合并"功能，建立 CJ_T.docx 文件，内容如图 6-22 所示。

语文	《语文》
数学	《数学》
英语	《英语》

«姓名»

图 6-22   成绩单范本

（2）生成所有考生的 CJ.docx 文件。

2．在桌面上建立 Ks.xlsx 文件，内容如表 6-2 所示。其操作要求如下。

表 6-2　考生信息表

准 考 证 号	姓　名	性　别	年　龄
8011400001	张三	男	22
8011400002	李四	女	18
8011400003	王五	男	21
8011400004	赵六	女	20
8011400005	吴七	女	21
8011400006	陈一	男	19

（1）使用"邮件合并"功能，建立 Ks_T.docx 文件，内容如图 6-23 所示。

《准考证号》	
姓名	《姓名》
性别	《性别》
年龄	《年龄》

图 6-23　信息单范本

（2）生成所有考生的 Ks.docx 文件。

学习情境三

Excel 2019 高级应用

■ 项目 7　学生成绩分析与统计
■ 项目 8　工资表数据分析
■ 项目 9　水果超市销售数据分析

项目 7

学生成绩分析与统计

本项目将以"学生成绩分析与统计"为例，介绍表格格式的设置、公式和函数的使用、筛选和排序的使用、图表的使用等方面的相关知识。

7.1 项目导入

以前大家可能经常看到，老师夹着一本书和一本学生花名册走进教室开始讲课。但进入信息时代后，书被电子教案替代，学生花名册也采用了全新的电子表格。电子表格究竟有什么用呢？

下面举一个简单的例子来说明这个问题：每个老师都需要在期末计算学生成绩并制作相应的成绩分布图。而学生成绩通常由考勤分、作业平均分、期中成绩和期末成绩组成。在传统模式下，老师需要手动统计学生的考勤情况，登记学生的作业情况及考试成绩，对以上大量数据进行计算和汇总，最终计算出学生的总评分。而现在，老师只需要在电子表格中输入相关数据，便可以很快完成各种计算和相应的统计了。

为了方便管理学生成绩，张老师制作了 4 个表格，分别为学生考勤表（见图 7-1）、学生作业表（见图 7-2）、学生成绩表（见图 7-3）和期末成绩分析表

图 7-1　学生考勤表

（见图 7-4）。

学号	姓名	作业一	作业二	作业三	作业四	作业五	作业六	平均分
2023302201	楼晶庆	61	99	90	75	60	89	
2023302202	林木森	78	98	55	60	99	92	
2023302203	吴一刚	99	52	53	92	86	54	
2023302204	胡小明	62	91	83	78	92	57	
2023302205	夏燕	78	70	53	67	64	56	
2023302206	李欢笑	51	64	71	95	80	80	
2023302207	来俊锋	69	99	93	51	93	65	
2023302208	蔡依晨	69	59	70	87	57	77	
2023302209	胡晓月	80	99	76	94	57	99	
2023302210	虞君	70	89	68	66	87	84	
2023302211	严必谦	59	94	68	71	60	78	
2023302212	朱明虹	64	80	82	53	56	75	
2023302213	潘双林	66	74	64	62	76	61	
2023302214	顾一飞	52	67	56	65	60	73	
2023302215	金东华	56	51	65	96	95	78	
2023302216	屠晓洁	80	55	85	53	86	70	
2023302217	陈碧连	90	60	82	89	76	69	
2023302218	吴雨	83	81	76	76	79	78	
2023302219	叶翰威	99	64	66	82	97	58	
2023302220	李成哲	80	95	95	82	57	70	
2023302221	邢超	89	80	76	74	59	82	
2023302222	周江明	92	90	56	65	67	96	
2023302223	宋梦	59	67	63	94	77	85	
2023302224	应明谕	72	85	99	94	94	85	
2023302225	施雯铭	92	77	59	68	84	61	
2023302226	舒雨婷	73	76	63	60	51	91	
2023302227	顾方舟	51	51	77	76	85	73	
2023302228	林大卫	63	78	99	59	82	82	
2023302229	蔡岛	59	84	91	89	91	58	
2023302230	胡恩慧	88	89	66	89	95	93	

图 7-2　学生作业表

学号	姓名	考勤分(10%)	作业平均分(20%)	期中成绩(20%)	期末成绩(50%)	总评分	评级
2023302201	楼晶庆			63	75		
2023302202	林木森			85	50		
2023302203	吴一刚			52	93		
2023302204	胡小明			67	52		
2023302205	夏燕			52	60		
2023302206	李欢笑			69	58		
2023302207	来俊锋			65	54		
2023302208	蔡依晨			52	65		
2023302209	胡晓月			68	79		
2023302210	虞君			85	64		
2023302211	严必谦			89	60		
2023302212	朱明虹			69	67		
2023302213	潘双林			53	73		
2023302214	顾一飞			76	74		
2023302215	金东华			55	85		
2023302216	屠晓洁			69	84		
2023302217	陈碧连			85	75		
2023302218	吴雨			85	77		
2023302219	叶翰威			65	82		
2023302220	李成哲			56	84		
2023302221	邢超			63	88		
2023302222	周江明			77	89		
2023302223	宋梦			60	82		
2023302224	应明谕			91	62		
2023302225	施雯铭			53	76		
2023302226	舒雨婷			72	95		
2023302227	顾方舟			76	72		
2023302228	林大卫			76	88		
2023302229	蔡岛			75	78		
2023302230	胡恩慧			69	98		

图 7-3　学生成绩表

分数段	人数
90～100	
80～89	
70～79	
60～69	
0～59	

图 7-4　期末成绩分析表

基于教学管理的需要，应进行以下 5 项工作。

（1）使用 COUNTIF 函数、AVERAGE 函数和公式，计算考勤分、作业平均分和总评分。

（2）根据总评分计算相应的评级并使用 COUNTIF 函数统计期末成绩各分数段的学生人数。

（3）为了使表格更加美观、易读，需要对表格格式进行各种设置。

（4）筛选期末成绩不及格的学生信息并降序排列。

（5）用图表显示期末成绩各分数段的学生人数。

传统的统计方法烦琐且容易出错，使用 Excel 2019，很多问题便可迎刃而解。以下是张老师的解决方法。

7.2　项目分析

学生考勤表用于记录学生的考勤情况，按传统的方法，用"√""△""×"分别表示学生到课、迟到、旷课 3 种情况。一个"√"表示得 10 分，一个"△"表示得 5 分，"×"表示不得分，可以使用 COUNTIF 函数计算"√""△"的个数，分别乘以 10 和 5 后相加得到考勤分。在学生作业表中，可以使用 AVERAGE 函数计算作业平均分。在学生成绩表中，需要复制学生考勤表和学生作业表中的计算结果，并根据公式"总评分=考勤分×10%+作业平均分×20%+期中成绩×20%+期末成绩×50%"计算总评分。

根据总评分，计算相应的评级。如果总评分大于或等于 90 分，那么评级为"优秀"；如果总评分大于或等于 80 分且小于 90 分，那么评级为"良好"；如果总评分大于或等于 70 分且小于 80 分，那么评级为"中等"；如果总评分大于或等于 60 分且小于 70 分，那么评级为"及格"；如果总评分小于 60 分，那么评级为"不及格"。在期末成绩分析表中，根据学生成绩表中的期末成绩，使用 COUNTIF 函数统计期末成绩各分数段的学生人数。

计算完成后，为了使表格更加美观、易读，可以设置字体、对齐方式。此外，还可以设置条件格式，使不及格的期末成绩以红色显示。

开启"自动筛选"功能后，先设置筛选条件为"期末成绩<60"，筛选出期末成绩不及格的学生信息，再对期末成绩进行降序排列。

可以用图表显示期末成绩各分数段的学生人数。由于统计的是期末成绩各分数段的学生人数，因此用柱形图显示统计结果相对比较直观。

由以上分析可知，学生成绩分析与统计可以分为 5 个任务，即计算考勤分、作业平均分和总评分，计算评级并统计期末成绩各分数段的学生人数，设置表格格式，筛选期末成绩不及格的学生信息并降序排列，用图表显示期末成绩各分数段的学生人数。

学生成绩分析与统计的操作流程如图 7-5 所示。

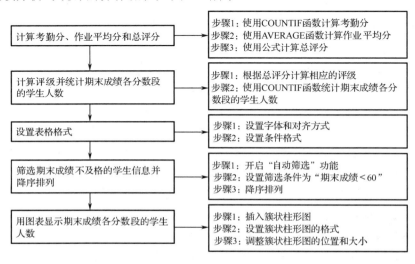

图 7-5　学生成绩分析与统计的操作流程

7.3　相关知识点

1．工作簿

在 Excel 2019 中，工作簿是处理和存储数据的文件，扩展名为.xlsx。

2．工作表

Excel 2019 中的工作表用于存储和处理数据，由行和列组成。每个工作表都有自己的名称。每个工作簿在新建时都默认包含一个标签为 Sheet1 的工作表，如图 7-6 所示。

图 7-6　Sheet1 工作表

工作表的行号由 1、2、3……表示，列号由 A、B、C……表示。

3．单元格

单元格是工作表中的一个小方格，是表格的最小单位。单元格名称（也称单元格地址）由列号和行号组成，如 A1 单元格。活动单元格指当前正在操作的单元格，由一个加粗的边框标识。在任何时候都只能有一个活动单元格，只有在活动单元格中才可以输入数据。活动单元格右下角的实心点被称为填充柄，拖动填充柄可以把单元格中的内容自动填充或复制到相邻的单元格中。

单元格区域是由若干相邻单元格组成的矩形块。单元格区域名称可以用其左上角的单元格地址和右下角的单元格地址表示，中间用冒号分隔，如 B2:F5。

4．单元格的引用

单元格的引用指用工作表中的坐标位置来标识单元格，即用单元格所在列号和行号表示其位置，如 C5，表示第 C 列第 5 行。

在工作表中，引用单元格有以下 3 种方法。

（1）相对引用。

相对引用，如 A1，是常见的引用方式。其定义为，在复制公式时，公式中的引用地址会随着所在位置的不同而变化。例如，在 D1 单元格中有公式"=A1+B1"，当将公式复制到 D2 单元格中时，公式变为"=A2+B2"。

（2）绝对引用。

绝对引用，如$A$1，即在列号和行号前各加一个符号"$"。其定义为，在复制公式时，公式中的引用地址不会随着所在位置的不同而变化。例如，在 D1 单元格中有公式"=$A$1+$B$1"，当将公式复制到 D2 单元格中时，公式仍为"=$A$1+$B$1"。

（3）混合引用。

混合引用，如$A1，即在列号或行号前加一个符号"$"。其定义为，在复制公式时，公式中引用地址的部分内容（列号或行号）会跟着发生变化。例如，在 D1 单元格中有公式

"=$A1+B$1"，当将公式复制到 D2 单元格中时，公式变为"=$A2+B$1"。

【说明】 加上了符号"$"的列号和行号为绝对地址，公式在向旁边复制时不会发生变化；没有加上符号"$"的列号和行号为相对地址，公式在向旁边复制时会跟着发生变化。在混合引用时部分地址会发生变化。

输入单元格地址后，可以按 F4 键在"绝对引用""混合引用""相对引用"3 种状态之间切换。

5. 公式

公式以符号"="开始，其后才是公式的内容。公式的输入、编辑等操作都可以在编辑栏中完成。在单元格中显示的并不是公式本身，而是公式计算的结果。公式中通常包含函数。

6. 函数

Excel 2019 中提供了大量的函数。使用函数可以实现各种复杂的计算。

Excel 2019 提供的函数共有 13 种，400 多个，涵盖了财务、日期与时间、数学与三角函数、统计、查找与引用、数据库、文本、逻辑、信息、工程、多维数据集、兼容性、Web 等各种不同领域的数据处理任务。其中有一种特别的函数被称为兼容性函数，这种函数实际上已经被新函数替换。为了与以前的版本兼容，依然在 Excel 2019 中提供这些函数。

函数的语法：

函数名(参数 1,参数 2…)

单击编辑栏左侧的"插入函数"按钮，可以很方便地插入各种函数。

（1）AVERAGE 函数。

主要功能：求所有参数的算术平均值。

使用格式：

AVERAGE(number1,number2…)

参数说明：number1,number2…表示需要求平均值的数值或引用的单元格、单元格区域，最多为 255 个。

应用举例：在 B8 单元格中输入公式"=AVERAGE(B7:D7,F7:H7,7,8)"，按 Enter 键，即可求出 B7:D7 单元格区域、F7:H7 单元格区域中的数值和 7、8 的平均值。

（2）COUNTIF 函数。

主要功能：统计某个单元格区域中符合指定条件的单元格数目。

使用格式：

COUNTIF(range,criteria)

参数说明：range 表示要统计的单元格区域；criteria 表示指定的条件表达式。

应用举例：在 C17 单元格中输入公式"=COUNTIF(B1:B13,">=80")"，按 Enter 键，即可统计出 B1:B13 单元格区域中数值大于或等于 80 的单元格数目。

（3）IF 函数。

主要功能：根据对指定条件逻辑判断的真假结果，返回对应的内容。

使用格式：

IF(logical_test,value_if_true,value_if_false)

参数说明：logical_test 表示逻辑判断表达式；value_if_true 表示当判断条件为 TRUE 时显示的内容，如果忽略那么返回 TRUE；value_if_false 表示当判断条件为 FALSE 时显示的内容，如果忽略那么返回 FALSE。

应用举例：在 C29 单元格中输入公式"=IF(C26>=18,"符合要求","不符合要求")"，按 Enter 键，如果 C26 单元格中的数值大于或等于 18，那么 C29 单元格中显示文字"符合要求"，否则显示文字"不符合要求"。

（4）IFS 函数。

主要功能：检查是否满足一个或多个条件，且返回符合第一个条件为 TRUE 的值。IFS 函数可以取代多个嵌套的 IF 语句。在有多个条件时，使用 IFS 函数更方便阅读。

使用格式：

IFS(logical_test1,value_if_true1,logical_test2,value_if_true2…)

参数说明：logical_test1 表示第 1 个逻辑判断表达式；value_if_true1 表示当第 1 个判断条件为 TRUE 时显示的内容。logical_test2 表示第 2 个逻辑判断表达式；value_if_true2 表示当第 2 个判断条件为 TRUE 时显示的内容。以此类推。

应用举例：IFS 函数的应用举例如图 7-7 所示。

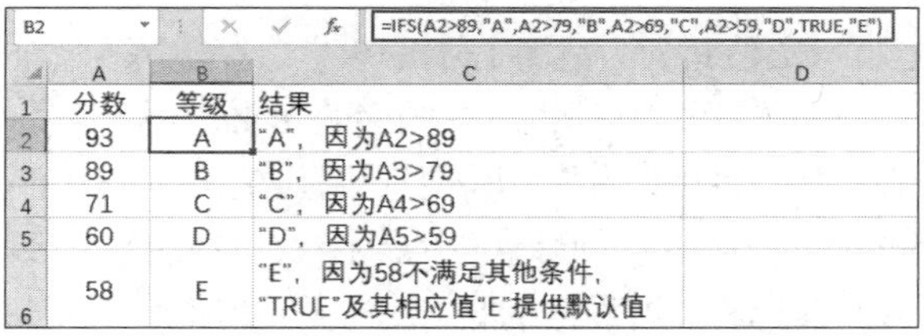

图 7-7　IFS 函数的应用举例

7. 筛选

筛选指使数据清单中只显示满足条件的数据，而将不满足条件的数据从视图中隐藏起来。可以按颜色筛选或按文本筛选。

8. 排序

排序有升序和降序两种方式。升序指数据按从小到大的顺序排列，降序指数据按从大到小的顺序排列，空格总是排在最后。

排序并不是针对某列进行的，而是以某列的数据大小为顺序，对所有数据进行排序，即无论是升序排列还是降序排列，每个数据都不会改变，改变的只是它在数据清单中显示的位置。

9. 图表

在 Excel 2019 中，图表指将工作表中的数据用图形表示出来。使用图表会使得编制的工作表更易于理解和交流，使数据更加有趣、更吸引人且更易于阅读和评价。此外，使用图表也可以分析和比较数据。

Excel 2019 提供了 17 种标准图表，分别是柱形图、折线图、饼图、条形图、面积图、散点图、地图、股价图、曲面图、雷达图、树状图、旭日图、直方图、箱形图、瀑布图、漏斗图和组合图。

当基于工作表选择的单元格区域建立图表时，Excel 2019 使用来自工作表中的值，并将其当作数据点在图表中显示。数据点可以用条形、线条、柱形、切片、点及其他形状表示。这些形状被称为数据标识。

建立了图表后，可以通过增加图表项，如数据标记、图例、标题、文字、趋势线、误差线及网格线等来美化图表及强调某些信息。大多数图表项可以被移动或调整大小。也可以用图案、颜色、字体及其他格式属性来设置图表项的格式。当工作表中的数据发生变化时，相应的图表也会发生变化。

10. 常用的数据类型及输入技巧

在 Excel 2019 中有多种数据类型，常用的数据类型主要有文本型、数值型、日期型等。

文本型数据包括字母、数字、空格和符号等，默认左对齐。要输入由纯数字组成的文本，如电话号码，必须先在其前面加上单引号，或先输入一个等号，再在文本前面和后面均加上双引号。

数值型数据包括 0～9 等，默认右对齐。当输入绝对值很大或很小的数值时，会自动改为科学记数法表示，如 2.34E+12。当小数位数超过设定值时，会自动四舍五入，但在计算时一律以输入数值而不是显示数值进行，故不必担心误差。在输入分数时，要先输入 0 和空格，如分数 1/4 的正确输入方法是输入"0 1/4"，否则会将分数当成日期。

日期型数据的格式为"年-月-日"或"年/月/日"，当年的年份可以不输入，但月份和日必须输入，如在输入 5/4 时，一般会在单元格中显示"5 月 4 日"。日期型数据默认右对齐。

在 Excel 2019 中有很多快速输入数据的技巧，如自动填充、自定义序列等。

7.4 项目实施

扫一扫

微课：计算考勤分、作业平均分和总评分

7.4.1 任务 1：计算考勤分、作业平均分和总评分

1. 使用 COUNTIF 函数计算考勤分

下面使用 COUNTIF 函数计算考勤分。

步骤 1：打开素材库中的"学生成绩（素材）.xlsx"文件，选择"学生考勤表"工作表标签，使学生考勤表成为当前工作表。在 M3 单元格中输入公式"=COUNTIF(C3:L3,$L$3)*10+COUNTIF(C3:L3,$G$3)*5"，按 Enter 键。

【说明】COUNTIF 函数的作用是计算某个单元格区域中满足给定条件的单元格数目，包含 2 个参数，如图 7-8 所示。"Range"文本框用于输入要计算其中非空单元格数目的单元格区域，这里为"C3:L3"，即第一个学生的考勤记录区。"Criteria"文本框用于输入统计条件，可以是以数字、表达式或文本形式定义的条件，这里为"√"或"△"，由于不能在公式中直接输入"√"或"△"，因此在公式中采用了绝对地址引用。公式"COUNTIF(C3:L3,$L$3)*10"将每次"到课"计算为 10 分，公式"COUNTIF(C3:L3,$G$3)*5"将每次"迟到"计算为 5 分。

图 7-8　"函数参数"对话框

步骤 2：拖动 M3 单元格填充柄至 M32 单元格。计算的考勤分如图 7-9 所示。

学号	姓名	第1周	第2周	第3周	第4周	第5周	第6周	第7周	第8周	第9周	第10周	考勤分
2023302201	楼晶庆											80
2023302202	林木森											90
2023302203	吴一刚											80
2023302204	胡小明											95
2023302205	夏燕											95
2023302206	李欢笑											100
2023302207	来俊峰											95
2023302208	蔡依晨											90
2023302209	胡晓月											90
2023302210	虞君											100
2023302211	严必谦											85
2023302212	朱明虹											100
2023302213	潘双林											95
2023302214	顾一飞											100
2023302215	金东华											95
2023302216	厝晓洁											95
2023302217	陈碧连											100
2023302218	吴雨											90
2023302219	叶翰威											90
2023302220	李成皙											100
2023302221	邢超											95
2023302222	周江明											90
2023302223	宋梦											95
2023302224	应明谕											100
2023302225	施雯铭											95
2023302226	舒雨婷											85
2023302227	顾方舟											85
2023302228	林大卫											95
2023302229	蔡岛											100
2023302230	胡恩慧											100

图 7-9　计算的考勤分

【说明】　双击单元格的填充柄，也可以完成单元格的填充操作。

2. 使用 AVERAGE 函数计算作业平均分

下面使用 AVERAGE 函数计算作业平均分。

步骤 1：选择"学生作业表"工作表标签，使学生作业表成为当前工作表。选择 I3 单元格，在"开始"选项卡中，单击"编辑"组中的"自动求和"下拉按钮Σ，在打开的下拉列表中选择"平均值"选项，如图 7-10 所示。此时，在 I3 单元格中自动输入了"=AVERAGE(C3:H3)"，如图 7-11 所示。确认函数的参数正确无误后，按 Enter 键，即可计算出作业平均分。

步骤 2：拖动 I3 单元格的填充柄至 I32 单元格，计算其他学生的作业平均分。计算的作业平均分如图 7-12 所示。

	自动求和 ▾
Σ	求和(S)
	平均值(A)
	计数(C)
	最大值(M)
	最小值(I)
	其他函数(F)...

	A	B	C	D	E	F	G	H	I	J	K	L
1	学生作业表											
2	学号	姓名	作业一	作业二	作业三	作业四	作业五	作业六	平均分			
3	2023302201	楼晶庆	61	99	90	75	60	89	=AVERAGE(C3:H3)			
4	2023302202	林木森	78	98	55	60	99	92	AVERAGE(**number1**, [number2], ...)			
5	2023302203	吴一刚	99	52	53	92	86	54				
6	2023302204	胡小明	62	91	83	78	92	57				
7	2023302205	夏燕	78	70	53	67	64	56				

图 7-10　选择"平均值"选项　　　　图 7-11　自动输入了"=AVERAGE(C3:H3)"

	A	B	C	D	E	F	G	H	I
1	学生作业表								
2	学号	姓名	作业一	作业二	作业三	作业四	作业五	作业六	平均分
3	2023302201	楼晶庆	61	99	90	75	60	89	79
4	2023302202	林木森	78	98	55	60	99	92	80.33333
5	2023302203	吴一刚	99	52	53	92	86	54	72.66667
6	2023302204	胡小明	62	91	83	78	92	57	77.16667
7	2023302205	夏燕	78	70	53	67	64	56	64.66667
8	2023302206	李欢笑	51	64	71	95	80	80	73.5
9	2023302207	来俊锋	69	99	93	51	93	65	78.33333
10	2023302208	蔡依晨	69	59	70	87	57	77	69.83333
11	2023302209	胡晓月	80	99	76	94	57	99	84.16667
12	2023302210	虞君	70	89	68	66	87	84	77.33333
13	2023302211	严必谦	59	94	68	71	60	78	71.66667
14	2023302212	朱明虹	64	80	82	53	56	75	68.33333
15	2023302213	潘双林	66	74	64	62	76	61	67.16667
16	2023302214	顾一飞	52	67	56	65	60	73	62.16667
17	2023302215	金东华	56	51	65	96	95	78	73.5
18	2023302216	屠晓洁	80	55	85	53	86	70	71.5
19	2023302217	陈碧连	90	60	82	89	75	69	77.66667
20	2023302218	吴雨	83	81	67	76	79	58	77.33333
21	2023302219	叶翰威	99	64	66	82	58	77	74.33333
22	2023302220	李成哲	80	95	95	82	57	70	79.83333
23	2023302221	邢超	89	80	76	74	59	82	76.66667
24	2023302222	周江明	92	90	56	65	67	96	77.66667
25	2023302223	宋梦	59	67	63	94	77	85	74.16667
26	2023302224	应明谕	72	85	99	94	94	85	88.16667
27	2023302225	施雯铭	92	77	59	68	84	61	73.5
28	2023302226	舒雨婷	73	76	63	60	51	91	69
29	2023302227	顾方舟	51	51	77	76	85	73	68.83333
30	2023302228	林大卫	63	78	99	59	82	72	75.5
31	2023302229	蔡岛	59	84	91	89	91	58	78.66667
32	2023302230	胡恩慧	88	89	66	89	95	93	86.66667

图 7-12　计算的作业平均分

从图 7-12 中可以看出，作业平均分保留了多位小数，显然小数位数太多了，四舍五入保留整数（小数位后第 1 位四舍五入）。

步骤 3：选择 I3:I32 单元格区域并右击，在弹出的快捷菜单中选择"设置单元格格式"命令，打开"设置单元格格式"对话框，在"数字"选项卡的"分类"列表框中选择"数值"选项，设置"小数位数"为"0"，单击"确定"按钮，如图 7-13 所示。

图 7-13　"设置单元格格式"对话框

3. 使用公式计算总评分

下面使用公式计算总评分。

步骤 1：先选择学生考勤表中的 M3:M32 单元格区域并右击，在弹出的快捷菜单中选择"复制"命令，再选择学生成绩表中的 C3 单元格并右击，在弹出的快捷菜单中选择"粘贴选项"→"值"命令，如图 7-14 所示。此时，即可粘贴学生考勤表中的考勤分，而不是粘贴考勤分的计算公式。

图 7-14　选择性粘贴值

【说明】　如果在弹出的快捷菜单中选择"粘贴选项"→"粘贴"命令，那么粘贴考勤分的计算公式，就会显示错误提示"#REF!"，这是因为公式中的单元格地址在学生考勤表中，而不在学生成绩表中。

步骤 2：使用相同的方法，复制并选择性粘贴学生作业表中的平均分至学生成绩表的 D3:D32 单元格区域中。

步骤 3：在学生成绩表的 G3 单元格中输入公式"=C3*10%+D3*20%+E3*20%+F3*50%"，按 Enter 键，拖动 G3 单元格的填充柄至 G32 单元格，设置 G3:G32 单元格区域的"小数位数"为"1"。

7.4.2　任务 2：计算评级并统计期末成绩各分数段的学生人数

1. 根据总评分计算相应的评级

下面根据总评分计算相应的评级。

步骤 1：在 H3 单元格中输入公式 "=IF(G3>=90,"优秀",IF(G3>=80,"良好",IF(G3>=70,"中等",IF(G3>=60,"及格","不及格"))))"，按 Enter 键。

扫一扫

微课：计算评级并统计期末成绩各分数段的学生人数

也可以输入公式 "=IFS(G3>=90,"优秀",G3>=80,"良好",G3>=70,"中等",G3>=60,"及格",TRUE,"不及格")"，按 Enter 键。

步骤 2：拖动 H3 单元格的填充柄至 H32 单元格。计算的评级如图 7-15 所示。

	A	B	C	D	E	F	G	H
1	学生成绩表							
2	学号	姓名	考勤分(10%)	作业平均分(20%)	期中成绩(20%)	期末成绩(50%)	总评分	评级
3	2023302201	楼晶庆	80	79	63	75	73.9	中等
4	2023302202	林木森	90	80	85	50	67.1	及格
5	2023302203	吴一刚	80	73	52	93	79.4	中等
6	2023302204	胡小明	95	77	67	52	64.3	及格
7	2023302205	夏燕	95	65	52	60	62.8	及格
8	2023302206	李欢笑	100	74	69	58	67.5	及格
9	2023302207	来俊锋	95	78	65	54	65.2	及格
10	2023302208	蔡依晨	95	70	52	65	66.4	及格
11	2023302209	胡晓月	90	84	68	79	78.9	中等
12	2023302210	虞君	100	77	85	64	74.5	中等
13	2023302211	严必谦	85	72	89	60	70.6	中等
14	2023302212	朱明虹	100	68	69	67	71.0	中等
15	2023302213	潘双林	95	67	53	73	70.0	中等
16	2023302214	顾一飞	100	62	76	74	74.6	中等
17	2023302215	金东华	95	74	55	85	77.7	中等
18	2023302216	屠晓洁	90	72	69	84	79.1	中等
19	2023302217	陈碧连	100	78	85	75	80.0	良好
20	2023302218	吴雨	85	77	85	77	79.5	中等
21	2023302219	叶翰威	90	78	65	82	78.5	中等
22	2023302220	李成哲	100	80	56	84	79.2	中等
23	2023302221	邢超	95	77	63	88	81.4	良好
24	2023302222	周江明	90	78	77	89	84.4	良好
25	2023302223	宋梦	95	74	60	82	77.3	中等
26	2023302224	应明渝	100	88	91	62	76.8	中等
27	2023302225	施雯铭	95	74	53	76	72.8	中等
28	2023302226	舒雨婷	95	69	72	90	85.2	良好
29	2023302227	顾方舟	85	69	76	72	73.5	中等
30	2023302228	林大卫	95	77	76	88	84.1	良好
31	2023302229	蔡岛	100	79	75	78	79.7	中等
32	2023302230	胡恩慧	100	87	69	98	90.1	优秀

图 7-15　计算的评级

2. 使用 COUNTIF 函数统计期末成绩各分数段的学生人数

下面使用 COUNTIF 函数统计期末成绩各分数段的学生人数。

步骤 1：在期末成绩分析表的 B3 单元格中输入公式 "=COUNTIF(学生成绩表!$F$3:$F$32,">=90")"，按 Enter 键，即可统计出期末成绩大于或等于 90 分的学生人数。

步骤 2：在 B4 单元格中输入公式 "=COUNTIF(学生成绩表!$F$3:$F$32,">=80")-B3"，按 Enter 键，即可统计出期末成绩大于或等于 80 分且小于 90 分的学生人数。

步骤 3：在 B5 单元格中输入公式 "=COUNTIF(学生成绩表!$F$3:$F$32,">=70")-B3-B4"，按 Enter 键，即可统计出期末成绩大于或等于 70 分且小于 80 分的学生人数。

步骤 4：在 B6 单元格中输入公式 "=COUNTIF(学生成绩表!$F$3:$F$32,">=60")-B3-B4-B5"，按 Enter 键，即可统计出期末成绩大于或等于 60 分且小于 70 分的学生人数。

步骤 5：在 B7 单元格中输入公式 "=COUNTIF(学生成绩表!$F$3:$F$32,"<60")"，按 Enter 键，即可统计出期末成绩小于 60 分的学生人数。

计算的期末成绩各分数段的学生人数如图 7-16 所示。

	A	B
1	期末成绩分析表	
2	分数段	人数
3	90～100	3
4	80～89	8
5	70～79	9
6	60～69	6
7	0～59	4

图 7-16　计算的期末成绩各分数段的学生人数

7.4.3 任务 3：设置表格格式

为了使表格更加美观、易读，可以对表格格式进行各种设置。

1. 设置字体和对齐方式

步骤 1：在学生考勤表中，选择 A1:M1 单元格区域，在"开始"选项卡中，单击"对齐方式"组中的"合并后居中"图形按钮，将标题"学生考勤表"居中，并设置标题的字号为"24"。

步骤 2：选择 A2:M32 单元格区域，设置字号为"10"，并单击"单元格"组中的"格式"下拉按钮，在打开的下拉列表中选择"自动调整列宽"选项。设置 A2:M32 单元格区域的"对齐方式"为"水平居中"。

下面为表格添加边框。

步骤 3：选择 A2:M32 单元格区域，单击"字体"组中的"下框线"下拉按钮，在打开的下拉列表中选择"所有框线"选项，这时可以看到整个表格都被添加了细边框。若选择下拉列表中的"粗匣框线"选项，则可以看到选择的单元格区域的外部被添加了粗边框。

步骤 4：选择 A2:M2 单元格区域，单击"字体"组中的"下框线"下拉按钮，在打开的下拉列表中选择"双底框线"选项，这时可以看到表头被添加了双底框线。最终效果如图 7-17 所示。

图 7-17 最终效果

步骤 5：参照上面的步骤 1～步骤 4，分别对学生作业表、学生成绩表和期末成绩分析表设置同样的格式。设置期末成绩分析表中两列均为 16 个字符宽度。

2. 设置条件格式

下面设置不及格的期末成绩以红色显示。

步骤 1：在学生成绩表中，选择 F3:F32 单元格区域，在"开始"选项卡的"样式"组中，单击"条件格式"下拉按钮，在打开的下拉列表中选择"突出显示单元格规则"→"小于"选项，如图 7-18 所示。

步骤 2：在打开的"小于"对话框左侧的文本框中输入"60"，在右侧的"设置为"下拉列表中选择"红色文本"选项，如图 7-19 所示。单击"确定"按钮，此时，所有不及格的期末成绩以红色显示。

图 7-18　选择"小于"选项　　　　　　　　图 7-19　"小于"对话框

7.4.4　任务 4：筛选期末成绩不及格的学生信息并降序排列

扫一扫

微课：筛选期末成绩不及格的学生信息并降序排列

接下来，对数据进行筛选和排序，筛选期末成绩小于 60 分的学生信息，并将其按期末成绩降序排列。

步骤 1：在学生成绩表中，选择 A2:H2 单元格区域，在"开始"选项卡中，单击"编辑"组中的"排序和筛选"下拉按钮，在打开的下拉列表中选择"筛选"选项，此时可以看到每个列标题右侧均显示了一个下拉按钮，即开启了"自动筛选"功能，如图 7-20 所示。

2	学号	姓名	考勤分(10%)	作业平均分(20%)	期中成绩(20%)	期末成绩(50%)	总评分	评级

图 7-20　显示下拉按钮

步骤 2：单击"期末成绩（50%）"右侧的下拉按钮，在打开的下拉列表中选择"数字筛选"→"小于"选项，打开"自定义自动筛选方式"对话框，在左侧选择"小于"选项，并在右侧的文本框中输入"60"，单击"确定"按钮，如图 7-21 所示。此时，可以看到筛选结果。

步骤 3：选择某个期末成绩所在单元格，单击"编辑"组中的"排序和筛选"下拉按钮，在打开的下拉列表中选择"降序"选项。此时，可以看到已筛选的期末成绩按降序排列，如图 7-22 所示。

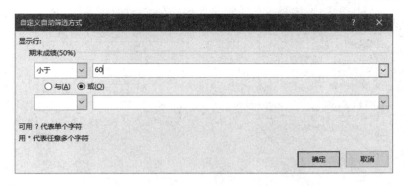

图 7-21 "自定义自动筛选方式"对话框

学号	姓名	考勤分(10%)	作业平均分(20%)	期中成绩(20%)	期末成绩(50%)	总评分	评级
			学生成绩表				
2023302206	李欢笑	100	74	69	58	67.5	及格
2023302207	来俊锋	95	78	65	54	65.2	及格
2023302204	胡小明	95	77	67	52	64.3	及格
2023302202	林木森	90	80	85	50	67.1	及格

图 7-22 已筛选的期末成绩按降序排列

使用相同的方法，可以对其他数据进行升序排列或降序排列。

7.4.5 任务 5：用图表显示期末成绩各分数段的学生人数

微课：用图表显示期末成绩各分数段的学生人数

统计结果往往是以数字显示的，但是纯粹以数字显示并不直观。张老师选择了以图表显示，以便更具体、形象地显示期末成绩各分数段的学生人数。

步骤 1：在期末成绩分析表中，选择 A2:B7 单元格区域，在"插入"选项卡中，单击"图表"组中的"插入柱形图或条形图"下拉按钮，在打开的下拉列表中选择"二维柱形图"区域的"簇状柱形图"选项，如图 7-23 所示。此时，在期末成绩分析表中插入了一个簇状柱形图，可以进一步设置该簇状柱形图的样式、布局等。

步骤 2：选择簇状柱形图，在"图表工具/设计"选项卡的"图表样式"组中选择"样式 1"选项，更改图表的颜色；在"图表布局"组中单击"快速布局"下拉按钮，在打开的下拉列表中选择"布局 9"选项，更改图表的布局；修改图表中水平坐标轴的标题为"分数段"，修改图表中垂直坐标轴的标题为"人数"，修改图表中的图表标题为"期末成绩统计"。

在"图表工具/设计"选项卡中，单击"图表布局"组中的"添加图表元素"下拉按钮，在打开的下拉列表中选择"图例"→"无"选项，关闭图例；在"添加图表元素"下拉列表中选择"数据标签"→"数据标签外"选项，显示数据标签，并将其放到数据点末尾。

步骤 3：调整簇状柱形图的位置和大小，使之位于 A9:E24 单元格区域中。"期末成绩统计"图表如图 7-24 所示。

图 7-23　选择"簇状柱形图"选项

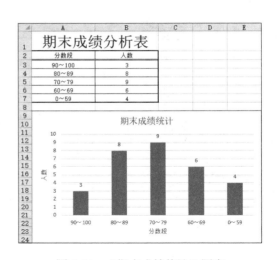

图 7-24　"期末成绩统计"图表

选择"期末成绩统计"图表，在"图表工具/设计"选项卡中，单击"位置"组中的"移动图表"按钮，打开"移动图表"对话框，选中"新工作表"单选按钮，单击"确定"按钮，如图 7-25 所示。此时，簇状柱形图"期末成绩统计"图表将被放到新工作表中。

图 7-25　"移动图表"对话框

7.5　总结与提高

本项目介绍了表格格式的设置、公式和函数的使用、筛选和排序的使用、图表的使用等方面的相关知识。

在 Excel 2019 中有很多快速输入数据的技巧，如自动填充、自定义序列等。熟练掌握这些技巧可以提高输入速度。在输入数据时，要注意数据类型，对于学号、邮编、电话号码等数据，应该将其设置为文本型，即在其前面加上单引号。

表格格式的设置主要包括对表格中的行高和列宽、数据的对齐方式、表格的边框和底纹等进行设置。

在使用公式和函数时，要注意以下几点。

（1）公式指对单元格中数据进行计算的等式，在输入公式前应先输入符号"="。

（2）函数的语法：

函数名(参数 1,参数 2…)

参数之间用逗号隔开。如果单独使用函数，那么要在函数名前输入符号"="构成公式。如果单击编辑栏左侧的"插入函数"按钮来插入函数，那么会自动在函数名前面加上符号"="。

（3）相对引用的定义为，在复制公式时，公式中的引用地址随着所在位置的不同而变化；绝对引用的定义为，在复制公式时，公式中的引用地址不会随着所在位置的不同而变化。

使用 COUNTIF 函数时要注意，在复制公式时，如果参数 range 的引用区域固定不变，那么使用绝对引用；如果参数 criteria 不表示单元格，而表示表达式或字符串，那么使用英文双引号将其引起来。

使用 IF 函数时要判断是否满足指定条件，如果满足，那么返回逻辑值为 TRUE 时的值；如果不满足，那么返回逻辑值为 FALSE 时的值。如果判断条件超过两个，那么采用 IF 函数的嵌套，就是将一个 IF 函数返回值作为另一个 IF 函数参数值。IFS 函数可以取代多个嵌套的 IF 语句。在有多个条件时使用 IFS 函数更方便阅读。

图表比数据更易于表达数据之间的关系及数据变化趋势。在表现不同的数据关系时，要选择合适的图表类型，特别注意要正确地选择数据源。创建的图表既可以插入到工作表中，生成嵌入表，又可以移动到一张单独的工作表中。

7.6　拓展知识：中国龙芯

2001 年，中国科学院计算技术研究所研制成功我国第一款通用 CPU 芯片，即龙芯 1 号。2002 年，曙光推出完全自主知识产权的"龙腾"服务器。"龙腾"服务器采用龙芯 1 号 CPU，采用曙光和中国科学院计算技术研究所联合研制的服务器专用主板，以及曙光 Linux。该服务器在我国国防、安全等方面发挥了重大作用。

2005 年，64 位龙芯 2 号 CPU 发布，实现了"从一到十"的技术飞跃，震惊了世界。同年，具有完全自主产权的龙芯 CPU-IP 核的推出，彻底改写了中国信息科技"有芯无核"的历史，增强了中国集成电路工业的核心竞争力。

7.7　习题

一、选择题

1. 在 Excel 2019 中用来存储并处理工作表数据的文件被称为＿＿＿＿。

　　A．单元格　　　　B．工作区　　　　C．工作簿　　　　D．工作表

2. 在默认情况下，每个工作簿包含＿＿＿个工作表。

　　A．1　　　　　　B．2　　　　　　C．3　　　　　　D．4

3. 在 Excel 2019 中，当公式中出现被零除的现象时，产生的错误值是＿＿＿＿＿。

　　A. ＃N/A!　　　　　　B. ＃DIV/0!　　　C. ＃NUM!　　　　　　D. ＃VALUE!

4. 在 Excel 2019 的单元格中输入日期时，年、月、日分隔符可以是＿＿＿＿＿。

　　A. "/" 或 "-"　　　B. "." 或 "|"　　C. "/" 或 "\"　　　D. "\" 或 "-"

5. 在 Excel 2019 中，符号 "&" 表示＿＿＿＿＿。

　　A. 逻辑值的与运算　　　　　　　　B. 子字符串的比较运算

　　C. 数值型数据的无符号相加　　　　D. 字符型数据的连接

6. 在 Excel 2019 中，当用户希望标题位于表格中间时，可以通过＿＿＿＿＿实现。

　　A. 居中　　　　　　B. 合并及居中　　C. 分散对齐　　　　D. 填充

7. 在 Excel 2019 中，如果工作表中的某个位置插入了一个单元格，那么＿＿＿＿＿。

　　A. 原有单元格必定右移

　　B. 原有单元格必定下移

　　C. 原有单元格被删除

　　D. 原有单元格根据选择右移或下移

8. 在 Excel 2019 中，当进行公式复制时，＿＿＿＿＿会发生变化。

　　A. 相对地址中地址的偏移量　　　　B. 相对地址中引用的单元格

　　C. 相对地址中地址表达式　　　　　D. 绝对地址中引用的单元格

9. 在 Excel 2019 中，以下＿＿＿＿＿用于计算工作表中一串数据的总和。

　　A. SUM(A1,…,A10)　　　　　　　B. AVG(A1,…,A10)

　　C. MIN(A1,…,A10)　　　　　　　D. COUNT(A1,…,A10)

10. 在 Excel 2019 中产生图表的数据发生变化后，图表＿＿＿＿＿。

　　A. 会发生相应的变化　　　　　　　B. 会发生变化，但与数据无关

　　C. 不会发生变化　　　　　　　　　D. 只有进行编辑后才会发生变化

二、实践操作题

1. 打开素材库中的 "工资表.xlsx" 文件，按下面的要求进行操作，并把操作结果存盘。

（1）将 Sheet1 复制到 Sheet2 中，并将 Sheet1 更名为 "工资表"。

（2）在 Sheet2 的文字 "叶业" 所在行后增加一行："邹萍萍，2600，700，750，150"。

（3）在 Sheet2 的第 F 列第 1 个单元格中输入 "应发工资"，第 F 列中的其余单元格存放对应行的 "岗位工资" "薪级工资" "业绩津贴" "基础津贴" 之和。

（4）将 Sheet2 中的 "姓名" 列和 "应发工资" 列复制到 Sheet3 中。

（5）在 Sheet2 中使用公式统计应发工资大于或等于 4500 元的人数，并将其放入 H2 单元格。

（6）在 Sheet3 后添加 Sheet4，将 Sheet2 的 A 列到 F 列复制到 Sheet4 中。对 Sheet4 中的 "应发工资" 列设置条件格式，凡低于 4000 元的数据所在行一律以红色显示。

2. 打开素材库中的 "成绩表.xlsx" 文件，按下面的要求进行操作，并把操作结果存盘。

（1）在 Sheet1 后插入 Sheet2 和 Sheet3，并将 Sheet1 复制到 Sheet2 中。

（2）在 Sheet2 中，将学号为 131973 的学生的 "微机接口" 成绩改为 75 分，并在 G 列

右侧增加"平均成绩"列，求相应的平均成绩，平均成绩四舍五入保留两位小数。

（3）将 Sheet2 中的"微机接口"成绩低于 60 分的学生信息复制到 Sheet3 中（含标题行）。

（4）对 Sheet3 中的数据按平均成绩降序排列。

（5）在 Sheet2 中使用公式统计"电子技术"成绩在 60～69 分的人数，并将其放入 J2 单元格。

（6）在 Sheet3 后添加 Sheet4，将 Sheet2 的 A 列到 H 列复制到 Sheet4 中。

（7）在 Sheet4 的 I1 单元格中输入"名次"，下面的各个单元格使用公式按平均成绩从高到低输入对应的名次。当平均成绩相同时，名次相同，取最佳名次。

3．打开素材库中的"档案表.xlsx"文件，按下面的要求进行操作，并把操作结果存盘。

（1）将 Sheet1 复制到 Sheet2 和 Sheet3 中，并将 Sheet1 更名为"档案表"。

（2）将 Sheet2 中第 3 行至第 7 行、第 10 行，以及 B、C 和 D 三列删除。

（3）将 Sheet3 的"工资"列中的数据统一增加 10%。

（4）将 Sheet3 的"工资"列中的数据均四舍五入保留两位小数，并按降序排列。

（5）在 Sheet3 中使用公式统计已婚职工人数，并将其放入 G2 单元格。

（6）在 Sheet3 后添加 Sheet4，将档案表的 A 列到 E 列复制到 Sheet4 中。

（7）对 Sheet4 中的数据进行筛选，要求只显示已婚且工资在 3500～4000 元的数据所在行。

项目 8

工资表数据分析

本项目将以"工资表数据分析"为例，介绍 Excel 2019 中 VLOOKUP 函数、SUMIF 函数、RANK.EQ 函数的使用，以及分类汇总、高级筛选、数据透视表的使用等方面的相关知识。

8.1 项目导入

作为一名企业财务人员，经常需要记录员工的生产信息、计算员工的工资，并向企业领导提供准确的数据，供企业领导参考。进入信息社会后，传统账本已经远远不能满足以上需求。传统账本厚重、难以长期保存、数据显示不直观等缺点严重阻碍着企业领导的决策，他们急需一种崭新的解决方案。

举个简单的例子：在某企业，如浙江玩具厂，财务人员需要记录每位员工每月生产的某种玩具的数量；需要根据生产的玩具数量和玩具单价计算员工的计件工资；需要根据员工的计件工资、基本工资、应扣项目等计算员工的应发工资和实发工资；需要根据员工计件工资表统计该月各种产品的生产数量及汇总情况和各车间该月的生产情况，以及实发工资在3000～4000 元的员工信息；需要根据以上数据制作相应的图表。

为了完成以上工作，张会计制作了 3 个工作表，分别为员工计件工资表（见图 8-1）、员工工资总表（见图 8-2）和各车间数据统计表（见图 8-3）。

基于财务管理的需要，应进行以下 6 项工作。

（1）使用公式和函数计算计件工资。

（2）使用公式计算应发工资和实发工资。

（3）筛选实发工资在 3000～4000 元的员工信息。

（4）对各种产品的生产数量进行分类汇总。

（5）使用数据透视表统计各车间各种产品的生产数量。

（6）计算各车间的员工人数、总产值、人均产值及其排名。

浙江玩具厂员工计件工资表

2023年7月

员工姓名	所属车间	产品名称	产品单价	数量	产值	计件工资
黄龙	二车间	七巧板		2909		
缪天鹏	三车间	地球仪		839		
林淑眉	三车间	水枪		1351		
汤娇丹	一车间	玩具手机		1453		
赵成	二车间	玩具手机		1332		
洪慧婷	三车间	玩具车		1420		
邵隽霞	二车间	七巧板		1905		
姜微	一车间	玩具车		1457		
胡诚诚	三车间	地球仪		842		
李冬	一车间	地球仪		1100		
钟丽丽	三车间	水枪		1326		
龚维维	三车间	水枪		1487		
周从明	一车间	玩具手机		1321		
林建柱	三车间	玩具手机		1475		
徐敏岳	一车间	玩具车		1623		
周益森	二车间	玩具车		1439		
吴全坦	一车间	七巧板		1938		
薛北北	二车间	地球仪		1225		
林姿娟	一车间	玩具车		1254		
林伟	三车间	玩具车		1465		

产品单价表

产品名称	单价
地球仪	30
七巧板	5
水枪	15
玩具车	13
玩具手机	18

图 8-1　员工计件工资表

浙江玩具厂员工工资总表

2023年7月

员工姓名	所属车间	计件工资	基本工资	水电费	房租	公积金	应发工资	实发工资
黄龙	二车间		3400.00	20.00	350.00	600.00		
缪天鹏	三车间		3600.00	20.00	250.00	700.00		
林淑眉	三车间		3400.00	20.00	300.00	600.00		
汤娇丹	一车间		3400.00	20.00	250.00	600.00		
赵成	二车间		3600.00	20.00	250.00	700.00		
洪慧婷	三车间		3400.00	20.00	250.00	600.00		
邵隽霞	二车间		3400.00	20.00	200.00	600.00		
姜微	一车间		3400.00	20.00	350.00	600.00		
胡诚诚	三车间		3400.00	20.00	350.00	600.00		
李冬	一车间		3400.00	20.00	300.00	600.00		
钟丽丽	三车间		3400.00	20.00	350.00	600.00		
龚维维	三车间		3600.00	20.00	350.00	700.00		
周从明	一车间		3400.00	20.00	350.00	600.00		
林建柱	三车间		3400.00	20.00	300.00	600.00		
徐敏岳	一车间		3400.00	20.00	350.00	600.00		
周益森	二车间		3400.00	20.00	350.00	600.00		
吴全坦	一车间		3600.00	20.00	200.00	700.00		
薛北北	二车间		3400.00	20.00	350.00	600.00		
林姿娟	一车间		3600.00	20.00	300.00	700.00		
林伟	三车间		3400.00	20.00	350.00	600.00		

图 8-2　员工工资总表

各车间数据统计表

2023年7月

车间	员工人数	总产值	人均产值	排名
一车间				
二车间				
三车间				

图 8-3　各车间数据统计表

传统的统计方法烦琐且容易出错，使用了 Excel 2019 之后，很多问题便可迎刃而解。以下是张会计的解决方法。

8.2　项目分析

在产品单价表中，已经有各种产品的单价。可以使用 VLOOKUP 函数在产品单价表中查找某产品的单价，并将其输入员工计件工资表相应的“产品单价”列。使用公式可以计算产值，根据产值使用公式可以计算计件工资，计件工资为产值的 10%。

产值=产品单价×数量

$$计件工资=产值×10\%$$

在员工工资总表中，先引用员工计件工资表中的计件工资，再使用公式计算应发工资和实发工资。

$$应发工资=计件工资+基本工资$$
$$实发工资=应发工资-水电费-房租-公积金$$

计算出工资后，可以使用"高级筛选"功能，将工资较低（实发工资为 3000～4000 元）的员工信息筛选出来，以便安排补助等。在进行高级筛选前，要先设置筛选条件。

可以使用"分类汇总"功能，统计本月每种玩具的生产数量。在进行分类汇总前，一定要先对"产品名称"列进行排序。使用数据透视表，可以统计各车间各种产品的生产数量。

使用 COUNTIF 函数可以计算各车间的员工人数；使用 SUMIF 函数可以计算各车间的总产值；使用公式可以计算各车间的人均产值，计算公式为"人均产值=总产值/员工人数"；使用 RANK.EQ 函数可以计算各车间人均产值的排名。

由以上分析可知，工资表数据分析可以分为 6 个任务，即使用公式和函数计算计件工资，使用公式计算应发工资和实发工资，筛选实发工资在 3000～4000 元的员工信息，对各种产品的生产数量进行分类汇总，使用数据透视表统计各车间各种产品的生产数量，计算各车间的员工人数、总产值、人均产值及其排名。

工资表数据分析的操作流程如图 8-4 所示。

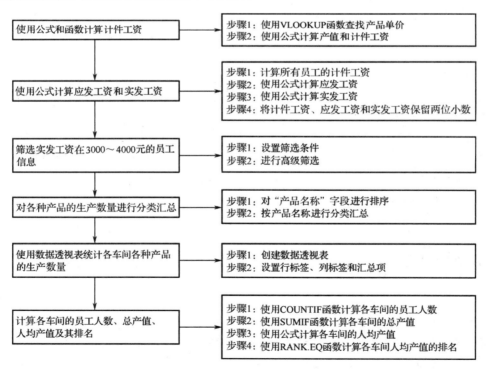

图 8-4　工资表数据分析的操作流程

8.3 相关知识点

1. 分类汇总

分类汇总指对工作表中的某项数据先按某一标准进行分类，再在分类的基础上对各类相关数据分别进行求和、求平均值、求个数、求最大值、求最小值等操作。分类是通过排序来实现的，即将同类数据组织在一起。因此，在进行分类汇总之前，要先对分类字段进行排序。

2. 高级筛选

相对于自动筛选，高级筛选不仅可以根据复杂条件进行，而且可以把筛选结果复制到指定位置，更便于进行对比。

在高级筛选的指定条件中，要满足多个条件中的任何一个，就需要把所有条件都写在同一列中；要同时满足多个条件，就需要把所有条件都写在同一行中。

在进行高级筛选时，还可以筛选出不重复的数据。

3. 数据透视表

数据透视表是一种可以快速汇总大量数据的交互式工作表，用于对现有工作表从多种角度进行汇总和分析，可以快速合并和比较大量数据。创建数据透视表后，可以按不同的需要、依不同的关系来提取和组织数据。

数据透视表能帮助用户分析、组织数据。使用数据透视表，可以很快地从不同角度对数据进行分类汇总。

4. VLOOKUP 函数

主要功能：在表格第 1 列中查找指定的数值，并返回同一列中某个指定单元格中的数值。在默认情况下，表格是以升序排列的。

使用格式：

VLOOKUP(lookup_value,table_array,col_index_num,[range_lookup])

参数说明：lookup_value 表示在表格第 1 列中需要查找的数值；table_array 表示在表格中查找数据的单元格区域；col_index_num 表示在 table_array 中等待返回匹配值的列序号（当 col_index_num 为 2 时，返回第 2 列中的数值；当 cd_index_num 为 3 时，返回第 3 列中的数值……）；range_lookup 表示逻辑值，如果为 TRUE 或被省略，那么返回精确匹配值或近似匹配值，也就是说，若找不到精确匹配值，则返回小于 lookup_value 的最大数值；如果为 FALSE，那么只查找精确匹配值，且不需要对表格第 1 列中的数值进行排序，若找不到，则返回一个错误值（#N/A）。

应用举例：VLOOKUP 函数的应用举例如图 8-5 所示。

	A	B	C
1	密度	粘度	温度
2	0.457	3.55	500
3	0.525	3.25	400
4	0.616	2.93	300
5	0.675	2.75	250
6	0.746	2.57	200
7	0.835	2.38	150
8	0.946	2.17	100
9	1.09	1.95	50
10	1.29	1.71	0
11	公式	说明（结果）	
12	=VLOOKUP(1,A2:C10,2)	在第A列中查找 1，并从相同行的第B列中返回值（2.17）	
13	=VLOOKUP(1,A2:C10,3,TRUE)	在第A列中查找 1，并从相同行的第C列中返回值（100）	
14	=VLOOKUP(0.7,A2:C10,3,FALSE)	在第A列中查找 0.7。因为第A列中没有精确地匹配，所以返回了一个错误值（#N/A）	
15	=VLOOKUP(0.1,A2:C10,2,TRUE)	在第A列中查找 0.1。因为 0.1 小于第A列中的最小值，所以返回了一个错误值（#N/A）	
16	=VLOOKUP(2,A2:C10,2,TRUE)	在第A列中查找 2，并从相同行的第B列中返回值（1.71）	

图 8-5　VLOOKUP 函数的应用举例

5. SUMIF 函数

主要功能：对满足条件的单元格求和。

使用格式：

SUMIF(range,criteria,sum_range)

参数说明：range 表示条件判断的单元格区域；criteria 表示指定条件表达式；sum_range 表示需要求和的实际单元格区域。

应用举例：SUMIF 函数的应用举例如图 8-6 所示。

	A	B
1	属性值	佣金
2	100 000	7 000
3	200 000	14 000
4	300 000	21 000
5	400 000	28 000
6	公式	说明（结果）
7	=SUMIF(A2:A5,">160000",B2:B5)	属性值超过160 000元的佣金的和（63 000）

图 8-6　SUMIF 函数的应用举例

6. RANK.EQ 函数

主要功能：返回某数值在一列数值中相对其他数值大小的排名。如果多个数值排名相同，那么返回该列数值的最高排名。

使用格式：

RANK.EQ(number,ref,[order])

参数说明：number 表示需要查找排名的数值；ref 表示数值列表数组或对数值列表的引用；order 用于指定排名的方式。如果 order 为 0 或被省略，那么表示降序排列；如果 order 不为 0，那么表示升序排列。

应用举例：RANK.EQ 函数的应用举例如图 8-7 所示。

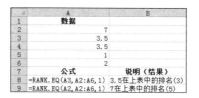

	A	B
1	数据	
2	7	
3	3.5	
4	3.5	
5	1	
6	2	
7	公式	说明（结果）
8	=RANK.EQ(A3,A2:A6,1)	3.5在上表中的排名(3)
9	=RANK.EQ(A2,A2:A6,1)	7在上表中的排名(5)

图 8-7　RANK.EQ 函数的应用举例

8.4 项目实施

8.4.1 任务 1：使用公式和函数计算计件工资

下面先使用 VLOOKUP 函数查找产品单价，再使用公式计算产值，根据产值使用公式计算计件工资。

1. 使用 VLOOKUP 函数查找产品单价

步骤 1：打开素材库中的"工资表（素材）.xlsx"文件，选择"员工计件工资表"工作表标签，使员工计件工资表成为当前工作表。

下面根据图 8-1 中的产品名称，把相应产品单价输入 D4:D23 单元格区域。

步骤 2：选择 D4 单元格，单击编辑栏左侧的"插入函数"按钮，打开"插入函数"对话框，在"或选择类别"下拉列表中选择"查找与引用"选项，在"选择函数"列表框中选择"VLOOKUP"选项，单击"确定"按钮，如图 8-8 所示。

步骤 3：打开"函数参数"对话框，在"Lookup_value"文本框中输入"C4"，在"Table_array"文本框中输入"$I$4:$J$8"，在"Col_index_num"文本框中输入"2"，在"Range_lookup"文本框中输入"FALSE"，如图 8-9 所示单击"确定"按钮。

图 8-8 "插入函数"对话框

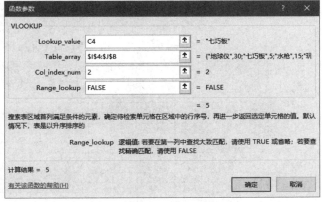

图 8-9 "函数参数"对话框

步骤 4：此时，D4 单元格中显示 5，编辑栏中显示"=VLOOKUP(C4,$I$4:$J$8,2,FALSE)"。

步骤 5：拖动 D4 单元格的填充柄至 D23 单元格，自动输入其他产品单价。

2. 使用公式计算产值和计件工资

产值和计件工资的计算公式如下。

产值=产品单价×数量

计件工资=产值×10%

步骤 1：在 F4 单元格中输入公式"=D4 * E4"，按 Enter 键，即可计算出第一个员工的产值，拖动 F4 单元格的填充柄至 F23 单元格，计算出所有员工的产值。

步骤 2：在 G4 单元格中输入公式"=F4 * 10%"，按 Enter 键，即可计算出第一个员工的计件工资，拖动 G4 单元格的填充柄至 G23 单元格，计算出所有员工的计件工资。

步骤 3：选择 G4:G23 单元格区域并右击，在弹出的快捷菜单中选择"设置单元格格式"命令，打开"设置单元格格式"对话框，在"数字"选项卡的"分类"列表框中选择"数值"选项，设置"小数位数"为"2"，单击"确定"按钮，如图 8-10 所示。计算的员工计件工资表如图 8-11 所示。

图 8-10　"设置单元格格式"对话框

员工姓名	所属车间	产品名称	产品单价	数量	产值	计件工资		产品名称	单价
			浙江玩具厂员工计件工资表					产品单价表	
			2023年7月						
黄龙	二车间	七巧板	5	2909	14545	1454.50		地球仪	30
缪天鹏	三车间	地球仪	30	839	25170	2517.00		七巧板	5
林淑眉	三车间	水枪	15	1351	20265	2026.50		水枪	15
汤娇丹	一车间	玩具手机	18	1453	26154	2615.40		玩具车	13
赵成	二车间	玩具手机	18	1332	23976	2397.60		玩具手机	18
洪慧婷	三车间	玩具车	13	1420	18460	1846.00			
邵隽霞	二车间	七巧板	5	1905	9525	952.50			
姜微	一车间	玩具车	13	1457	18941	1894.10			
胡诚诚	三车间	地球仪	30	842	25260	2526.00			
李冬	一车间	地球仪	30	1100	33000	3300.00			
钟丽丽	三车间	水枪	15	1326	19890	1989.00			
龚维维	三车间	水枪	15	1487	22305	2230.50			
周从明	一车间	玩具手机	18	1321	23778	2377.80			
林建柱	三车间	玩具手机	18	1475	26550	2655.00			
徐敏岳	一车间	玩具车	13	1623	21099	2109.90			
周益森	二车间	玩具车	13	1439	18707	1870.70			
吴全坦	一车间	七巧板	5	1938	9690	969.00			
薛北北	二车间	地球仪	30	1225	36750	3675.00			
林姿娟	一车间	玩具车	13	1254	16302	1630.20			
林伟	三车间	玩具车	13	1465	19045	1904.50			

图 8-11　计算的员工计件工资表

8.4.2 任务 2：使用公式计算应发工资和实发工资

下面使用公式计算应发工资和实发工资。

步骤 1：选择"员工工资总表"工作表标签，使员工工资总表成为当前工作表。

选择 C4 单元格，在编辑栏中输入"="，先单击"员工计件工资表"工作表标签，再选择员工计件工资表中的 G4 单元格，按 Enter 键，这时可以看到第一个员工的计件工资被引用过来了。拖动 C4 单元格的填充柄至 C23 单元格，计算所有员工的计件工资。

步骤 2：在 H4 单元格中输入公式"=C4+D4"，按 Enter 键，拖动 H4 单元格的填充柄至 H23 单元格，计算所有员工的应发工资。

步骤 3：在 I4 单元格中输入公式"=H4-E4-F4-G4"，按 Enter 键，拖动 I4 单元格的填充柄至 I23 单元格，计算所有员工的实发工资。

步骤 4：将计件工资、应发工资和实发工资保留两位小数。计算的员工工资总表如图 8-12 所示。

员工姓名	所属车间	计件工资	基本工资	水电费	房租	公积金	应发工资	实发工资
黄龙	二车间	1454.50	3400.00	20.00	350.00	600.00	4854.50	3884.50
缪天鹏	三车间	2517.00	3400.00	20.00	250.00	700.00	6117.00	5147.00
林浪眉	三车间	2026.50	3400.00	20.00	300.00	600.00	5426.50	4506.50
汤桥丹	一车间	2615.40	3400.00	20.00	250.00	600.00	6015.40	5145.40
赵成	二车间	2397.60	3400.00	20.00	250.00	700.00	5997.60	5027.60
洪慧娜	三车间	1846.00	3400.00	20.00	250.00	600.00	5246.00	4376.00
邵隽霞	二车间	952.50	3400.00	20.00	200.00	600.00	4352.50	3532.50
姜微	一车间	1894.10	3400.00	20.00	350.00	600.00	5294.10	4324.10
胡诚诚	三车间	2526.00	3400.00	20.00	350.00	600.00	5926.00	4956.00
李冬	一车间	3300.00	3400.00	20.00	300.00	600.00	6700.00	5780.00
钟丽丽	三车间	1989.00	3400.00	20.00	350.00	600.00	5389.00	4419.00
龚维维	三车间	2230.50	3600.00	20.00	350.00	700.00	5830.50	4760.50
周从明	一车间	2377.80	3400.00	20.00	350.00	600.00	5777.80	4807.80
林建柱	三车间	2655.00	3400.00	20.00	350.00	600.00	6055.00	5135.00
徐敏岳	一车间	2109.90	3400.00	20.00	350.00	600.00	5509.90	4539.90
周益淼	二车间	1870.70	3400.00	20.00	350.00	600.00	5270.70	4300.70
吴全坦	一车间	969.00	3600.00	20.00	200.00	700.00	4569.00	3649.00
薛北北	二车间	3675.00	3400.00	20.00	350.00	600.00	7075.00	6105.00
林姿娟	一车间	1630.20	3600.00	20.00	300.00	700.00	5230.20	4210.20
林伟	三车间	1904.50	3400.00	20.00	350.00	600.00	5304.50	4334.50

浙江玩具厂员工工资总表
2023年7月

图 8-12 计算的员工工资总表

8.4.3 任务 3：筛选实发工资在 3000～4000 元的员工信息

下面筛选实发工资在 3000～4000 元的员工信息。注意，在进行高级筛选前，要先设置筛选条件。

1. 设置筛选条件

步骤 1：单击窗口底部的"插入工作表"按钮 ⊕，插入新工作表"Sheet1"，将其重命名为"员工工资情况统计表"，复制员工工资总表中的所有单元格至员工

工资情况统计表中的相同位置，并修改其标题为"浙江玩具厂员工工资情况统计表"。

步骤 2：在 A25 单元格和 B25 单元格中均输入"实发工资"，在 A26 单元格中输入">=3 000"，在 B26 单元格中输入"<4 000"，在 A28 单元格中输入"需补助员工"。

2．进行高级筛选

使用"高级筛选"功能，筛选实发工资在 3000～4000 元的员工信息。

步骤 1：选择员工工资总表中的 A3:I23 单元格区域，在"数据"选项卡中，单击"排序和筛选"组中的"高级"按钮。

步骤 2：在打开的"高级筛选"对话框中，选中"将筛选结果复制到其他位置"单选按钮，设置"条件区域"为"$A$25:$B$26"，并设置"复制到"为"$A$29:$I$36"，单击"确定"按钮，如图 8-13 所示。此时，可以看到筛选结果，即实发工资在 3000～4000 元的员工信息，如图 8-14 所示。

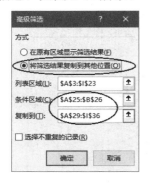

25	实发工资	实发工资						
26	>=3000	<4000						
27								
28	需补助员工							
29	员工姓名	所属车间	计件工资	基本工资	水电费	房租	公积金	应发工资	实发工资
30	黄龙	二车间	1454.50	3400.00	20.00	350.00	600.00	4854.50	3884.50
31	邵隽霞	二车间	952.50	3400.00	20.00	200.00	600.00	4352.50	3532.50
32	吴全坦	一车间	969.00	3600.00	20.00	200.00	700.00	4569.00	3649.00

图 8-13 "高级筛选"对话框   图 8-14 实发工资在 3000～4000 元的员工信息

8.4.4 任务 4：对各种产品的生产数量进行分类汇总

下面对各种产品的生产数量进行分类汇总。注意，在分类汇总前一定要先对"产品名称"列进行排序。

1．对"产品名称"列进行排序

步骤 1：单击窗口底部的"插入工作表"按钮⊕，插入新工作表"Sheet2"，将其重命名为"各种产品分类汇总表"。复制员工计件工资表中的 A1:J23 单元格区域至各种产品分类汇总表中的相同位置，并修改其标题为"浙江玩具厂各种产品分类汇总表"。

步骤 2：在员工计件工资表中，选择 A3:G23 单元格区域，在"开始"选项卡中，单击"编辑"组中的"排序和筛选"下拉按钮，在打开的下拉列表中选择"自定义排序"选项，如图 8-15 所示。

步骤 3：在打开的"排序"对话框中，选择"主要关键字"为"产品名称"、"次序"为"升序"，并勾选右上角的"数据包含标题"复选框，单击"确定"按钮，如图 8-16 所示。此时，已按产品名称进行了升序排列。

扫一扫

微课：对各种产品的生产数量进行分类汇总

图 8-15　选择"自定义排序"选项　　　　图 8-16　"排序"对话框

2. 按产品名称进行分类汇总

步骤 1：在员工计件工资表中，选择 A3:G23 单元格区域，在"数据"选项卡中，单击"分级显示"组中的"分类汇总"按钮。

步骤 2：打开"分类汇总"对话框，在"分类字段"下拉列表中选择"产品名称"选项，在"汇总方式"下拉列表中选择"求和"选项，在"选定汇总项"列表框中勾选"数量"复选框，单击"确定"按钮，如图 8-17 所示。此时，已对各种产品进行了分类汇总。分类汇总的结果如图 8-18 所示。

图 8-17　"分类汇总"对话框　　　　图 8-18　分类汇总的结果

8.4.5　任务 5：使用数据透视表统计各车间各种产品的生产数量

下面使用数据透视表统计各车间各种产品的生产数量。

步骤 1：在员工计件工资表中，选择 A3:G23 单元格区域，在"插入"选项卡中，单击"表格"组中的"数据透视表"按钮，在打开的"创建

微课：使用数据透视表统计各车间各种产品的生产数量

数据透视表"对话框的"表/区域"文本框中已自动输入选择的单元格区域，选中"新工作表"单选按钮，单击"确定"按钮，如图 8-19 所示。

打开"数据透视表字段"窗格，将"所属车间"字段拖动到"行"区域，将"产品名称"字段拖动到"列"区域，将"数量"字段拖动到"值"区域（默认汇总方式为"求和"），如图 8-20 所示。

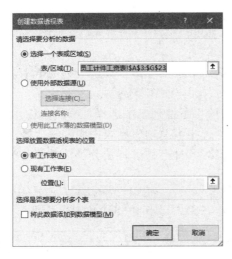

图 8-19 "创建数据透视表"对话框

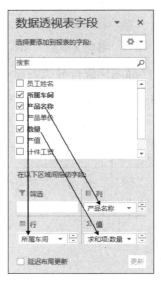

图 8-20 "数据透视表字段"窗格

步骤 2：此时，在新工作表中显示了相应的数据透视表。更改新建的数据透视表中的文字"行标签"为"所属车间"，并更改文字"列标签"为"产品名称"，最终结果如图 8-21 所示。将数据透视表所在的工作表重命名为"产品数据透视表"。

求和项:数量	产品名称					
所属车间	地球仪	七巧板	水枪	玩具车	玩具手机	总计
二车间	1225	4814		1439	1332	8810
三车间	1681		4164	2885	1475	10205
一车间	1100	1938		4334	2774	10146
总计	4006	6752	4164	8658	5581	29161

图 8-21 最终结果

8.4.6 任务 6：计算各车间的员工人数、总产值、人均产值及其排名

下面计算各车间的员工人数、总产值、人均产值及其排名。

微课：计算各车间的员工人数、总产值、人均产值及其排名

1. 使用 COUNTIF 函数计算各车间的员工人数

步骤 1：在各车间数据统计表中，选择 B4 单元格，单击编辑栏左侧的"插入函数"按钮，在打开的"插入函数"对话框的"或选择类别"

下拉列表中选择"统计"选项，在"选择函数"列表框中选择"COUNTIF"选项，单击"确定"按钮。

　　步骤 2：打开"函数参数"对话框，在"Range"文本框中输入"员工计件工资表!$B$4:$B$23"，在"Criteria"文本框中输入"A4"，可以看到计算结果为 7，单击"确定"按钮，如图 8-22 所示。此时，在 B4 单元格中就得到了一车间的员工人数。

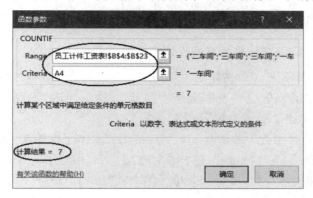

图 8-22　"函数参数"对话框

　　步骤 3：拖动 B4 单元格的填充柄至 B6 单元格，即可在 B5、B6 单元格中计算出二车间、三车间的员工人数。

2．使用 SUMIF 函数计算各车间的总产值

　　步骤 1：选择 C4 单元格，单击编辑栏左侧的"插入函数"按钮，在打开的"插入函数"对话框的"或选择类别"下拉列表中选择"数学与三角函数"选项，在"选择函数"列表框中选择"SUMIF"选项，单击"确定"按钮。

　　步骤 2：打开"函数参数"对话框，在"Range"文本框中输入"员工计件工资表!$B$4:$B$23"，在"Criteria"文本框中输入"A4"，在"Sum_range"文本框中输入"员工计件工资表!$F$4:$F$23"，可以看到计算结果为 148964，单击"确定"按钮，如图 8-23 所示。

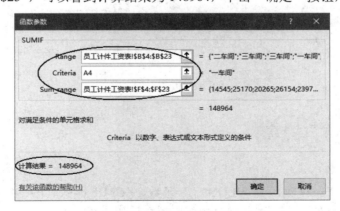

图 8-23　"函数参数"对话框

　　步骤 3：拖动 C4 单元格的填充柄至 C6 单元格，即可在 C5、C6 单元格中计算出二车间、三车间的总产值。

3. 使用公式计算各车间的人均产值

步骤 1：在 D4 单元格中输入公式"=C4/B4"，按 Enter 键，即可计算出一车间的人均产值。人均产值四舍五入保留两位小数。

步骤 2：拖动 D4 单元格的填充柄至 D6 单元格，即可在 D5、D6 单元格中计算出二车间、三车间的人均产值。

4. 使用 RANK.EQ 函数计算各车间人均产值的排名

步骤 1：选择 E4 单元格，单击编辑栏左侧的"插入函数"按钮，在打开的"插入函数"对话框的"或选择类别"下拉列表中选择"统计"选项，在"选择函数"列表框中选择"RANK.EQ"选项，单击"确定"按钮。

步骤 2：打开"函数参数"对话框，在"Number"文本框中输入"D4"，在"Ref"文本框中输入"$D$4:$D$6"，在"Order"文本框中输入"0"，可以看到计算结果为 2，单击"确定"按钮，如图 8-24 所示。此时，在 E4 单元格中就得到了一车间人均产值的排名。

【说明】 "Order"选项用于指定排名的方式，如果为 0 或被忽略，那么表示降序排列；如果不为 0，那么表示升序排列。

步骤 3：拖动 E4 单元格的填充柄至 E6 单元格，即可在 E5、E6 单元格中计算出二车间、三车间人均产值的排名。计算的各车间数据统计表如图 8-25 所示。

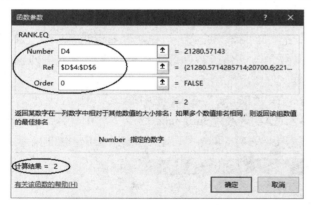

图 8-24 "函数参数"对话框　　　图 8-25 计算的各车间数据统计表

8.5 总结与提高

本项目介绍了 Excel 2019 中 VLOOKUP 函数、SUMIF 函数、RANK.EQ 函数的使用，以及分类汇总、高级筛选、数据透视表的使用等方面的相关知识。

在使用 VLOOKUP 函数时，要查找的对象必须位于数据区域的第 1 列中。在使用

VLOOKUP 函数、SUMIF 函数、RANK.EQ 函数时，其中用到的数据区域一般要采用绝对引用。

分类汇总指一种条件求和，很多统计类问题都可以使用"分类汇总"功能来完成。在进行分类汇总之前，必须先对要分类的字段进行排序。

相对于自动筛选，高级筛选不仅可以根据复杂条件进行，而且可以把筛选结果复制到指定位置，更便于进行对比。在高级筛选的指定条件中，要满足多个条件中的任何一个，就需要把所有条件都写在同一列中；要同时满足多个条件，就需要把所有条件都写在同一行中。

数据透视表是一个功能强大的数据分析工具。在创建数据透视表时，要正确选择行标签、列标签和汇总项的内容。

8.6　拓展知识：中国计算机事业奠基人夏培肃

夏培肃，生于 1923 年 7 月，女，四川省江津市（今重庆市江津区）人，电子计算机专家，中国计算机事业的奠基人，被誉为"中国计算机之母"。夏培肃于 1945 年毕业于中央大学电机系，于 1950 年获英国爱丁堡大学博士学位，于 1991 年当选为中国科学院院士（学部委员）。

夏培肃在 20 世纪 50 年代设计试制成功中国第一台自行设计的通用电子数字计算机，从 20 世纪 60 年代开始在高速计算机的研究和设计方面做出了创造性的成果，解决了数字信号在大型高速计算机中传输的关键问题。她负责设计研制的高速阵列处理机使石油勘探中常规地震资料的处理速度提高了 10 倍以上。她还提出了最大时间差流水线设计原则，根据这个原则设计的向量处理机的运算速度比当时国内向量处理机的运算速度快 4 倍。多年来，夏培肃负责设计、研制成功多台不同类型的并行计算机。

8.7　习题

一、选择题

1. Excel 2019 文档包括＿＿＿＿＿。
    A．工作表　　　　　　B．工作簿　　　　　　C．编辑区域　　　　　　D．以上都是
2. 使用以下＿＿＿＿＿可以在 Excel 2019 中输入文本型数据 0001。
    A．"0001"　　　　　B．'0001　　　　　　C．\0001　　　　　　D．\\0001
3. Excel 2019 一维水平数组中的元素用＿＿＿＿＿分隔。
    A．;　　　　　　　　B．\　　　　　　　　C．,　　　　　　　　D．\\
4. Excel 2019 一维垂直数组中的元素用＿＿＿＿＿分隔。
    A．\　　　　　　　　B．\\　　　　　　　C．,　　　　　　　　D．;

5. 以下运算符中优先级最高的是_____。

  A．：   B．，   C．*   D．+

6. 在 Excel 2019 中使用填充柄对包含数值的区域复制时，应按_____键。

  A．Alt   B．Ctrl   C．Shift   D．Tab

7. 关于 Excel 2019 电子表格，以下说法不正确的是_____。

  A．表格的第 1 行为列标题（又称字段）

  B．表格中不能有空列

  C．表格与其他数据之间应留有空行或空列

  D．为了清晰，表格总是把第 1 行作为列标题，而把第 2 行空出来

8. 以下关于 Excel 2019 的单元格区域的定义不正确的是_____。

  A．单元格区域可以由单一单元格组成

  B．单元格区域可以由同一列连续多个单元格组成

  C．单元格区域可以由不连续的单元格组成

  D．单元格区域可以由同一行连续多个单元格组成

9. VLOOKUP 函数用于在表格_____中查找指定的数值，并返回同一列中某个指定单元格中的数值。

  A．第 1 行   B．末行   C．最左列   D．最右列

10. 在一个表格中，为了查看满足部分条件的数据，有效的方法是_____。

  A．选择相应的单元格   B．使用数据透视表

  C．使用数据筛选工具   D．使用宏

二、实践操作题

打开素材库中的"公务员考试成绩表.xlsx"文件，按下面的要求进行操作，并把操作结果存盘。

【说明】 在做题时，不得对数据表进行随意更改。

（1）在 Sheet5 的 A1 单元格中输入 1/3。

（2）在 Sheet1 中，使用条件格式将符合性别为"女"这个条件的单元格中的文字颜色设置为红色并加粗显示。

（3）使用 IF 函数，对 Sheet1 中的"学位"列进行自动填充。

填充的内容根据"学历"列的内容来确定（假设学生均已获得相应学位）。

① 博士研究生：博士。

② 硕士研究生：硕士。

③ 本科：学士。

④ 其他：无。

（4）使用数组公式，在 Sheet1 中进行如下计算。

① 计算笔试比例分，并将结果保存到公务员考试成绩表的"笔试比例分"列中。

计算公式：

笔试比例分=（笔试成绩/3）×60%

② 计算面试比例分，并将结果保存到公务员考试成绩表的"面试比例分"列中。

计算公式：

$$面试比例分=面试成绩 \times 40\%$$

③ 计算总成绩，并将结果保存到公务员考试成绩表的"总成绩"列中。

计算公式：

$$总成绩=笔试比例分+面试比例分$$

（5）将 Sheet1 中的公务员考试成绩表复制到 Sheet2 中，根据以下要求修改公务员考试成绩表中的数组公式，并将结果保存到 Sheet2 的相应列中。

修改计算的笔试比例分，并将结果保存到"笔试比例分"列中。

计算公式：

$$笔试比例分=（笔试成绩/2）\times 60\%$$

① 在复制过程中，应将标题"公务员考试成绩表"连同数据表中的数据一起复制。

② 在粘贴时，必须顶格放置数据表。

（6）在 Sheet2 中，使用函数，根据"总成绩"列对所有考生信息进行排名。（若多个数值排名相同，则返回该数值的最佳排名。）

将排名结果保存到"排名"列中。

（7）将 Sheet2 中的公务员考试成绩表复制到 Sheet3 中，并对 Sheet3 进行高级筛选。

筛选条件为："报考单位"为"一中院"，"性别"为"男"，"学历"为"硕士研究生"。

将筛选结果保存到 Sheet3 中。

① 无须考虑是否删除或移动筛选条件。

② 在复制过程中，应将标题"公务员考试成绩表"连同数据表中的数据一起复制。

③ 在粘贴时，必须顶格放置数据表。

（8）根据 Sheet2 中的公务员考试成绩表，在 Sheet4 中创建一个数据透视表。

① 显示每个报考单位人员的不同学历的人数汇总情况。

② 设置"行"区域为"报考单位"。

③ 设置"列"区域为"学历"。

④ 设置"值"区域为"学历"。

⑤ 设置计数项为"学历"。

项目 9

水果超市销售数据分析

本项目将以"水果超市销售数据分析"为例，介绍 Excel 2019 中 VLOOKUP 函数、MAX 函数的使用、单元格区域名称的定义，以及排序、分类汇总、数据透视表、数据透视图、数据验证的设置等方面的相关知识。

9.1 项目导入

小李大学毕业后选择了自主创业，在台州市黄岩区、路桥区和椒江区各开了若干家水果超市连锁店。随着水果超市业务的不断扩大，对水果超市日常销售数据的管理要求也需要不断提高。为此，小李打算使用 Excel 2019 管理日常销售数据。他制作了销售记录表、水果价格表、水果店信息表共 3 个工作表，分别如图 9-1、图 9-2、图 9-3 所示。其中，销售记录表记录了 2023 年 8 月 14 日各连锁店的水果销售情况（只截取了部分数据）；水果价格表记录了每种水果的进价和售价；水果店信息表记录了各水果店的名称和所在区。

	A	B	C	D	E	F	G	H	I
1				销售记录表					
2	日期	所在区	水果店	水果	数量	进价	售价	销售额	毛利润
3	2023-8-14	黄岩区	九峰店	苹果	59				
4	2023-8-14	黄岩区	九峰店	香蕉	15				
5	2023-8-14	黄岩区	九峰店	杧果	65				
6	2023-8-14	黄岩区	九峰店	火龙果	5				
7	2023-8-14	黄岩区	九峰店	鸭梨	97				
8	2023-8-14	黄岩区	九峰店	草莓	74				
9	2023-8-14	黄岩区	九峰店	橘子	83				
10	2023-8-14	黄岩区	九峰店	西瓜	91				
11	2023-8-14	黄岩区	九峰店	葡萄	22				
12	2023-8-14	黄岩区	九峰店	甜橙	45				
13	2023-8-14	黄岩区	九峰店	菠萝	36				
14	2023-8-14	黄岩区	九峰店	哈密瓜	62				
15	2023-8-14	路桥区	都市店	苹果	65				
16	2023-8-14	路桥区	都市店	香蕉	77				

图 9-1　销售记录表

	水果价格表		
序号	水果	进价	售价
1	苹果	2.20	4.00
2	香蕉	2.10	3.80
3	杧果	4.80	8.60
4	火龙果	3.10	5.60
5	鸭梨	1.70	3.00
6	草莓	6.80	12.20
7	橘子	1.90	3.40
8	西瓜	2.80	5.00
9	葡萄	1.90	3.40
10	甜橙	5.00	9.00
11	菠萝	4.00	7.20
12	哈密瓜	1.20	2.20

图 9-2　水果价格表

图 9-3　水果店信息表

现在小李想统计 2023 年 8 月 14 日各水果店中各种水果的销售情况。基于销售管理的需要，应进行以下 6 项工作。

（1）查找进价、售价并计算销售额和毛利润。

（2）对销售额和毛利润进行分类汇总。

（3）使用数据透视表统计各区各种水果的销售情况。

（4）使用数据透视图统计各区各种水果的销售情况。

（5）设置数据验证。

（6）锁定单元格区域和保护工作表。

传统的统计方法烦琐且容易出错，使用了 Excel 2019 之后，很多问题便可迎刃而解。以下是小李的解决方法。

9.2　项目分析

在很多函数的参数中都用到了单元格区域，为了操作方便，可以给这些单元格区域定义名称，当需要引用这些单元格区域时，直接引用它们的名称即可。

可以使用 VLOOKUP 函数在水果价格表中查找各种水果的进价和售价，并使用以下公式计算销售记录表中的销售额和毛利润。

销售额＝售价×数量

毛利润＝（售价−进价）×数量

按所在区汇总销售额和毛利润，可以知道各区的销售额和毛利润。也可以按水果汇总销售额和毛利润，并降序排列汇总后的毛利润，这样就可以统计出毛利润最大的水果。通过嵌套分类汇总，可以统计各区各水果店的销售额和毛利润。在进行分类汇总前，必须先对要分类的字段进行排序。

可以先使用 Excel 2019 中的数据透视表统计各区的水果销售情况，再使用 MAX 函数找出各区水果的最大销售额，最后使用 VLOOKUP 函数找出各区销售额最大的水果。

为了使统计的数据更直观地显示，还可以使用数据透视图统计各区的水果销售情况。

在销售记录表中添加新记录时，每次都要手动输入"水果店""水果""所在区"等列中的数据，且默认可以在所有单元格中输入任何数值，这使得在输入这些数据时既麻烦，又容易出错。通过设置数据验证可以解决这些问题，如在输入"水果店""水果""所在区"等列中的数据时，不必手动输入，只要在相应的下拉列表中选择即可。对于"数量"列，应设置只允许输入大于 0 的整数，否则会提示出错，并要求重新输入。

为了防止销售记录表表头中的文字被选择和修改，可以锁定表头，启用"保护工作表"功能后，这些被锁定的单元格区域就不能被选择和修改了。

由以上分析可知，水果超市销售数据分析可以分为 6 个任务，即查找进价、售价并计算销售额和毛利润，对销售额和毛利润进行分类汇总，使用数据透视表统计各区各种水果的销售情况，使用数据透视图统计各区各种水果的销售情况，设置数据验证，锁定单元格区域和保护工作表。

水果超市销售数据分析的操作流程如图 9-4 所示。

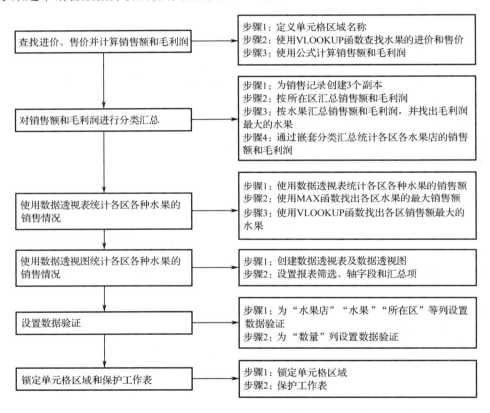

图 9-4 水果超市销售数据分析的操作流程

9.3 相关知识点

1. 定义单元格区域名称

在工作表中，可以使用列号和行号来引用单元格，也可以通过自定义的名称来表示单元格和单元格区域。

2. 数据透视图

数据透视图是另一种数据表现形式。与数据透视表的不同之处在于，数据透视图用于选择合适的图形和色彩来描述数据的特性，而数据透视图通过对数据透视表中的汇总项添加可视化效果来对其进行补充。

3. 数据验证

数据验证是一个可以在工作表中输入数据时产生提示信息的工具。它的功能是选择列表、限定输入内容的类型或大小、自定义设置等。

当用户设计的表单或工作表要被他人用来输入数据时，数据验证尤为有用。

4. 锁定单元格区域和保护工作表

锁定单元格区域和保护工作表指将某个区域的一些单元格锁定并保护起来，保护后是无法被选择和修改的，只有输入先前设置的正确密码后才可以被选择和修改。

5. MAX 函数

主要功能：求一组数值中的最大值。

使用格式：

MAX(number1,number2…)

参数说明：number1,number2…表示需要求最大值的数值或引用的单元格、单元格区域，最多为 255 个。

应用举例：在 E45 单元格中输入公式“=MAX(E44:J44,7,8,9,10)”，按 Enter 键，即可求出 E44:J44 单元格区域中的数值和 7、8、9、10 中的最大值。

【说明】 MIN 函数的功能是求一组数值中的最小值，其使用方法和 MAX 函数的使用方法类似。ABS 函数的功能是返回某个数值的绝对值。INT 函数的功能是将数值向下取整为最接近它的整数。

9.4　项目实施

扫一扫

微课：查找进价、
售价并计算销售额
和毛利润

9.4.1　任务 1：查找进价、售价并计算销售额和毛利润

1. 定义单元格区域名称

步骤 1：打开素材库中的“水果超市销售数据分析（素材）.xlsx”文件，在水果价格表中，选择 B3:D14 单元格区域，如图 9-5 所示。

步骤 2：右击该单元格区域，在弹出的快捷菜单中选择“定义名称”命令，打开“新建名称”对话框，在“名称”文本框中输入“价格区域”，在“引用位置”文本框中已自动输入“=水果价格!$B$3:$D$14”，单击“确定”按钮，如图 9-6 所示。

图 9-5　选择 B3:D14 单元格区域

图 9-6　"新建名称"对话框

可见，定义的名称"价格区域"代表"水果价格!$B$3:$D$14"单元格区域。

【说明】　（1）要定义单元格区域名称也可以先选择要定义的单元格区域，再直接输入要定义的名称，如图 9-7 所示。输入要定义的名称后要按 Enter 键确认。

（2）要删除已定义的单元格区域名称，应在"公式"选项卡中单击"定义的名称"组中的"名称管理器"按钮，在打开的"名称管理器"对话框中删除该名称即可。

图 9-7　直接输入要定义的名称

2. 使用 VLOOKUP 函数查找水果的进价和售价

步骤 1：在销售记录表中，选择 F3 单元格，单击编辑栏左侧的"插入函数"按钮，打开"插入函数"对话框，在"或选择类别"下拉列表中选择"查找与引用"选项，在"选择函数"列表框中选择"VLOOKUP"选项，单击"确定"按钮，如图 9-8 所示。

步骤 2：打开"函数参数"对话框，在"Lookup_value"文本框中输入"D3"；将光标置于"Table_array"文本框中，在"公式"选项卡中，单击"定义的名称"组中的"用于公式"下拉按钮，在打开的下拉列表中选择"价格区域"选项，此时"Table_array"文本框中会自动输入"价格区域"；在"Col_index_num"文本框中输入"2"（进价位于第 2 列）；在"Range_lookup"文本框中输入"FALSE"，表示只查找精确匹配值，单击"确定"按钮，如图 9-9 所示。

图 9-8　"插入函数"对话框

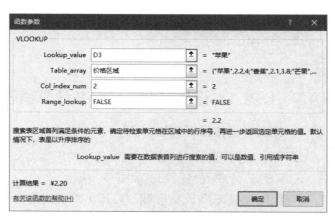

图 9-9　"函数参数"对话框

步骤 3：此时，F3 单元格中显示苹果的进价，编辑栏中显示公式“=VLOOKUP(D3,价格区域,2,FALSE)”。

步骤 4：拖动 F3 单元格的填充柄至 F110 单元格，查找其他水果的进价。

【说明】 也可以双击 F3 单元格的填充柄，查找其他水果的进价。

步骤 5：在 G3 单元格中输入公式“=VLOOKUP(D3,价格区域,3,FALSE)”，按 Enter 键，即可找出苹果的售价。双击 G3 单元格的填充柄，找出所有水果的售价。

3. 使用公式计算销售额和毛利润

步骤 1：在 H3 单元格中输入公式“=G3*E3”，按 Enter 键，即可计算出苹果的销售额。双击 H3 单元格的填充柄，计算出所有水果的销售额。

步骤 2：在 I3 单元格中输入公式“=(G3−F3)*E3”，按 Enter 键，即可计算出苹果的毛利润。双击 I3 单元格的填充柄，计算出所有水果的毛利润。

下面设置进价、售价、销售额和毛利润的数字格式为“货币”，保留两位小数。

步骤 3：选择 F 列、G 列、H 列和 I 列并右击，在弹出的快捷菜单中选择“设置单元格格式”命令，打开“设置单元格格式”对话框，在“数字”选项卡的“分类”列表框中选择“货币”选项，设置“小数位数”为“2”，“货币符号（国家/地区）”为“¥”，单击“确定”按钮，如图 9-10 所示。计算的销售记录表如图 9-11 所示。

图 9-10 “设置单元格格式”对话框

	A	B	C	D	E	F	G	H	I
1	销售记录表								
2	日期	所在区	水果店	水果	数量	进价	售价	销售额	毛利润
3	2023-8-14	黄岩区	九峰店	苹果	59	¥2.20	¥4.00	¥236.00	¥106.20
4	2023-8-14	黄岩区	九峰店	香蕉	15	¥2.10	¥3.80	¥57.00	¥25.50
5	2023-8-14	黄岩区	九峰店	杧果	65	¥4.80	¥8.60	¥559.00	¥247.00
6	2023-8-14	黄岩区	九峰店	火龙果	5	¥3.10	¥5.60	¥28.00	¥12.50
7	2023-8-14	黄岩区	九峰店	鸭梨	97	¥1.70	¥3.00	¥291.00	¥126.10
8	2023-8-14	黄岩区	九峰店	草莓	74	¥6.80	¥12.20	¥902.80	¥399.60
9	2023-8-14	黄岩区	九峰店	橘子	83	¥1.90	¥3.40	¥282.20	¥124.50
10	2023-8-14	黄岩区	九峰店	西瓜	91	¥2.80	¥5.00	¥455.00	¥200.20
11	2023-8-14	黄岩区	九峰店	葡萄	22	¥1.90	¥3.40	¥74.80	¥33.00
12	2023-8-14	黄岩区	九峰店	甜橙	45	¥5.00	¥9.00	¥405.00	¥180.00
13	2023-8-14	黄岩区	九峰店	菠萝	36	¥4.00	¥7.20	¥259.20	¥115.20
14	2023-8-14	黄岩区	九峰店	哈密瓜	62	¥1.20	¥2.20	¥136.40	¥62.00
15	2023-8-14	路桥区	都市店	苹果	65	¥2.20	¥4.00	¥260.00	¥117.00
16	2023-8-14	路桥区	都市店	香蕉	77	¥2.10	¥3.80	¥292.60	¥130.90

图 9-11 计算的销售记录表

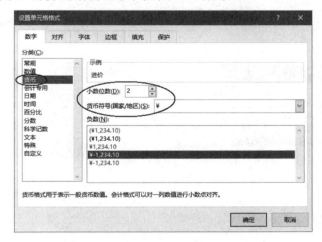

9.4.2　任务 2：对销售额和毛利润进行分类汇总

下面在销售记录表中对销售额和毛利润按所在区进行分类汇总。在进行分类汇总前，一定要先对"所在区"列进行排序。

1. 为销售记录表创建 3 个副本

步骤 1：右击"销售记录表"工作表标签，在弹出的快捷菜单中选择"移动或复制"命令，打开"移动或复制工作表"对话框，勾选"建立副本"复选框，单击"确定"按钮，如图 9-12 所示。此时，建立了一个销售记录表（2）。

步骤 2：重复上面的步骤 1，建立销售记录表（3）和销售记录表（4）。

2. 按所在区汇总销售额和毛利润

步骤 1：在销售记录表（2）中，选择"所在区"列中的任一单元格，在"数据"选项卡中，单击"排序和筛选"组中的"升序"按钮，对"所在区"列进行升序排列。

步骤 2：在"数据"选项卡中，单击"分级显示"组中的"分类汇总"按钮，打开"分类汇总"对话框，在"分类字段"下拉列表中选择"所在区"选项，在"汇总方式"下拉列表中选择"求和"选项，在"选定汇总项"列表框中勾选"销售额"和"毛利润"复选框，单击"确定"按钮，如图 9-13 所示。

图 9-12　"移动或复制工作表"对话框

图 9-13　"分类汇总"对话框

步骤 3：单击分级显示按钮 2，隐藏明细数据行。按所在区汇总销售额和毛利润的结果如图 9-14 所示。

	所在区	水果店	水果	数量	进价	售价	销售额	毛利润
39	黄岩区 汇总						¥9,796.00	¥4,342.10
76	椒江区 汇总						¥10,230.80	¥4,536.10
113	路桥区 汇总						¥9,197.80	¥4,081.10
114	总计						¥29,224.60	¥12,959.30

图 9-14　按所在区汇总销售额和毛利润的结果

如果 H 列和 I 列中的数据显示为“########”，那么需要增加这两列的宽度。

3. 按水果汇总销售额和毛利润，并找出毛利润最大的水果

步骤 1：在销售记录表（3）中，选择“水果”列中的任一单元格，在“数据”选项卡中，单击“排序和筛选”组中的“升序”按钮，对“水果”列进行升序排列。

步骤 2：在“数据”选项卡中，单击“分级显示”组中的“分类汇总”按钮，打开“分类汇总”对话框，在“分类字段”下拉列表中选择“水果”选项，在“汇总方式”下拉列表中选择“求和”选项，在“选定汇总项”列表框中勾选“销售额”和“毛利润”复选框，单击“确定”按钮。

步骤 3：单击分级显示按钮2，隐藏明细数据行。按水果汇总销售额和毛利润的结果如图 9-15 所示。

	A	B	C	D	E	F	G	H	I
1	销售记录表								
2	日期	所在区	水果店	水果	数量	进价	售价	销售额	毛利润
12				菠萝 汇总				¥3,326.40	¥1,478.40
22				草莓 汇总				¥5,038.60	¥2,230.20
32				哈密瓜 汇总				¥811.80	¥369.00
42				火龙果 汇总				¥2,021.60	¥902.50
52				橘子 汇总				¥1,271.60	¥561.00
62				杧果 汇总				¥2,932.60	¥1,295.80
72				苹果 汇总				¥1,660.00	¥747.00
82				葡萄 汇总				¥1,686.40	¥744.00
92				甜橙 汇总				¥4,194.00	¥1,864.00
102				西瓜 汇总				¥2,350.00	¥1,034.00
112				香蕉 汇总				¥2,116.60	¥946.90
122				鸭梨 汇总				¥1,815.00	¥786.50
123				总计				¥29,224.60	¥12,959.30

图 9-15　按水果汇总销售额和毛利润的结果

步骤 4：选择“毛利润”列中的任一单元格，在“数据”选项卡中，单击“排序和筛选”组中的“降序”按钮，对“毛利润”列进行降序排列，找出毛利润最大的水果，排列结果如图 9-16 所示。可见，草莓的毛利润最大。

	A	B	C	D	E	F	G	H	I
1	销售记录表								
2	日期	所在区	水果店	水果	数量	进价	售价	销售额	毛利润
12				草莓 汇总				¥5,038.60	¥2,230.20
22				甜橙 汇总				¥4,194.00	¥1,864.00
32				菠萝 汇总				¥3,326.40	¥1,478.40
42				杧果 汇总				¥2,932.60	¥1,295.80
52				西瓜 汇总				¥2,350.00	¥1,034.00
62				香蕉 汇总				¥2,116.60	¥946.90
72				火龙果 汇总				¥2,021.60	¥902.50
82				鸭梨 汇总				¥1,815.00	¥786.50
92				苹果 汇总				¥1,660.00	¥747.00
102				葡萄 汇总				¥1,686.40	¥744.00
112				橘子 汇总				¥1,271.60	¥561.00
122				哈密瓜 汇总				¥811.80	¥369.00
123				总计				¥29,224.60	¥12,959.30

图 9-16　排列结果

4. 通过嵌套分类汇总统计各区各水果店的销售额和毛利润

步骤 1：在销售记录表（4）中，选择任一单元格，在“数据”选项卡中，单击“排序和筛选”组中的“排序”按钮，打开“排序”对话框，选择“主要关键字”为“所在区”，单击“添加条件”按钮，选择“次要关键字”为“水果店”，单击“确定”按钮，如图 9-17 所示。

图 9-17　"排序"对话框

步骤 2：在"数据"选项卡中，单击"分级显示"组中的"分类汇总"按钮，打开"分类汇总"对话框，在"分类字段"下拉列表中选择"所在区"选项，在"汇总方式"下拉列表中选择"求和"选项，在"选定汇总项"列表框中勾选"销售额"和"毛利润"复选框，单击"确定"按钮。

步骤 3：在前面分类汇总的基础上，使用相同的方法进行第二次分类汇总。在"分类字段"下拉列表中选择"水果店"选项，在"汇总方式"下拉列表中选择"求和"选项，在"选定汇总项"列表框中勾选"销售额"和"毛利润"复选框，取消勾选"替换当前分类汇总"复选框，单击"确定"按钮，如图 9-18 所示。

步骤 4：单击分级显示按钮 ③，隐藏明细数据行。各区各水果店的销售额和毛利润分类汇总的结果如图 9-19 所示。

图 9-18　"分类汇总"对话框　　　　图 9-19　各区、各水果店的销售额和毛利润分类汇总的结果

9.4.3　任务 3：使用数据透视表统计各区各种水果的销售情况

扫一扫

微课：使用数据透视表统计各区各种水果的销售情况

在上个任务中，通过嵌套分类汇总已经统计了各区各水果店的销售额和毛利润，但没有给出各区销售额最大的水果。

下面先使用 Excel 2019 中的数据透视表统计各区各种水果销售额，再使用 MAX 函数找出各区水果的最大销售额，最后使用 VLOOKUP 函数找出各区销售额最大的水果。

1. 使用数据透视表统计各区各种水果的销售额

步骤 1：在销售记录表中，选择某一单元格区域，在"插入"选项卡中，单击"表格"组中的"数据透视表"按钮，在打开的"创建数据透视表"对话框的"表/区域"文本框中已自动输入选择的单元格区域，选中"新工作表"单选按钮，单击"确定"按钮，如图 9-20 所示。

打开"数据透视表字段"窗格，将"水果"字段拖动到"行"区域，将"所在区"字段拖动到"列"区域，将"销售额"字段拖动到"值"区域，如图 9-21 所示。

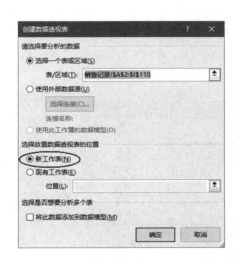

图 9-20　"创建数据透视表"对话框

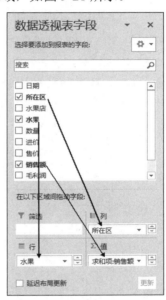

图 9-21　"数据透视表字段"窗格

步骤 2：此时，在新工作表中显示了相应的数据透视表。更改新建的数据透视表中的文字"行标签"为"水果"，并更改文字"列标签"为"所在区"，将数据透视表所在的工作表重命名为"数据透视表"。

步骤 3：对"总计"列进行降序排列，可以找出销售额最大的水果（草莓）。对"总计"列进行降序排列的数据透视表如图 9-22 所示。

| 求和项:销售额 | 所在区 | | | |
水果	黄岩区	椒江区	路桥区	总计
草莓	2061.8	1464	1512.8	5038.6
甜橙	1494	1512	1188	4194
菠萝	698.4	1159.2	1468.8	3326.4
杧果	877.2	1023.4	1032	2932.6
西瓜	900	780	670	2350
香蕉	532	744.8	839.8	2116.6
火龙果	627.2	1008	386.4	2021.6
鸭梨	639	768	408	1815
葡萄	404.6	693.6	588.2	1686.4
苹果	648	480	532	1660
橘子	663	316.2	292.4	1271.6
哈密瓜	250.8	281.6	279.4	811.8
总计	9796	10230.8	9197.8	29224.6

图 9-22　对"总计"列进行降序排列的数据透视表

2. 使用 MAX 函数找出各区水果的最大销售额

步骤 1：选择数据透视表，在 G5 单元格中输入"最大销售额"，在 G6 单元格中输入"水果"。

步骤 2：在 H4 单元格中输入公式"=B4"，按 Enter 键，拖动 H4 单元格的填充柄至 J4 单元格。

步骤 3：在 H5 单元格中输入公式"=MAX(B5:B16)"，按 Enter 键，拖动 H5 单元格的填充柄至 J5 单元格，找出各区水果的最大销售额。查找结果如图 9-23 所示。

3. 使用 VLOOKUP 函数找出各区销售额最大的水果

因为在使用 VLOOKUP 函数时，要查找的对象必须位于数据区域的第 1 列中，所以在使用 VLOOKUP 函数前，应先将"水果"列放到查找数据区域右侧，可以通过把"水果"列引用到"总计"列右侧的空白列中实现。

步骤 1：在 F5 单元格中输入公式"=A5"，按 Enter 键，拖动 F5 单元格的填充柄至 F16 单元格，引用所有水果，如图 9-24 所示。

图 9-23　查找结果

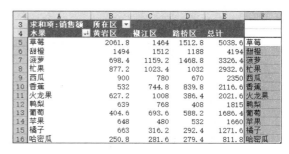

图 9-24　将水果引用到 F 列

步骤 2：将 B5:F16 单元格区域名称定义为"黄岩区"，将 C5:F16 单元格区域名称定义为"椒江区"，将 D5:F16 单元格区域名称定义为"路桥区"。

步骤 3：在 H6 单元格中输入公式"=VLOOKUP(H5,黄岩区,5,FALSE)"并按 Enter 键，在 I6 单元格中输入公式"=VLOOKUP (I5,椒江区,4,FALSE)"并按 Enter 键，在 J6 单元格中输入公式"=VLOOKUP (J5,路桥区,3,FALSE)"并按 Enter 键，计算结果如图 9-25 所示。

图 9-25　计算结果

9.4.4　任务 4：使用数据透视图统计各区各种水果的销售情况

除了可以使用数据透视表统计各区各种水果的销售情况，还可以使用数据透视图统计各区各种水果的销售情况，数据透视图比数据透视表显示统计数据更直观。

步骤 1：在销售记录表中，选择某一单元格区域，在"插入"选项卡

扫一扫

微课：使用数据透视图统计各区各种水果的销售情况

中，单击"图表"组中的"数据透视图"下拉按钮，在打开的下拉列表中选择"数据透视图"选项，打开"创建数据透视图"对话框，在"表/区域"文本框中已自动输入选择的单元格区域，选中"新工作表"单选按钮，单击"确定"按钮，如图 9-26 所示。

　　打开"数据透视图字段"窗格，把"水果"字段拖动到"轴（类别）"区域，把"所在区"字段拖动到"筛选"区域，把"销售额"字段拖动到"值"区域，如图 9-27 所示。

图 9-26　"创建数据透视图"对话框

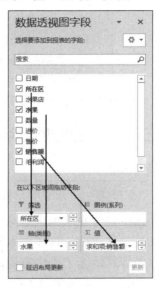

图 9-27　"数据透视图字段"窗格

　　步骤 2：此时，在新工作表中显示了相应的数据透视表和数据透视图，如图 9-28 所示。更改新建的数据透视表中的文字"行标签"为"水果"，将数据透视图所在的工作表重命名为"数据透视图"。

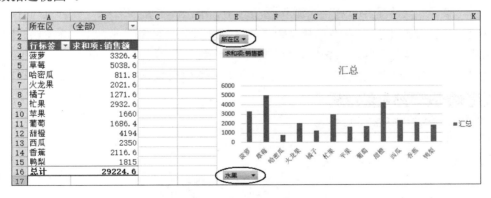

图 9-28　数据透视表和数据透视图

　　单击数据透视图左上角的"所在区"下拉按钮，打开"筛选"窗格，选择"黄岩区"选项，如图 9-29 所示。此时，数据透视表和数据透视图中汇总的是黄岩区的各种水果的销售额。

　　如果在"筛选"窗格中勾选"选择多项"复选框，并选择多个选项（见图 9-30），那么在数据透视表和数据透视图中可以同时汇总多个区各种水果的销售额。

单击数据透视图左下角的"水果"下拉按钮，在打开的下拉列表中选择一个或多个选项，可以汇总选择的水果的销售额。

图 9-29　选择"黄岩区"选项

图 9-30　选择多个选项

9.4.5　任务 5：设置数据验证

下面设置数据验证。

1. 为"水果店""水果""所在区"等列设置数据验证

各水果店的名称在水果店信息表中已列出，各种水果在水果价格表中已列出。在为"水果店"列和"水果"列设置数据验证时，只要引用相应的单元格区域即可。为了操作方便，可以先定义单元格区域名称。

步骤 1：定义水果店信息表中的 B3:B11 单元格区域名称为"水果店区域"，定义水果价格表中的 B3:B14 单元格区域名称为"水果区域"。

步骤 2：在销售记录表中，选择"水果店"列，在"数据"选项卡中，单击"数据工具"组中的"数据验证"下拉按钮，在打开的下拉列表中选择"数据验证"选项，打开"数据验证"对话框。在该对话框的"设置"选项卡的"允许"下拉列表中选择"序列"选项；将光标置于"来源"文本框中，在"公式"选项卡中，单击"定义的名称"组中的"用于公式"下拉按钮，在打开的下拉列表中选择"水果店区域"选项，此时"来源"文本框中自动输入"=水果店区域"，单击"确定"按钮，如图 9-31 所示。

设置了数据验证的"水果店"列，可以使用下拉列表来选择水果店，如图 9-32 所示。

图 9-31　"数据验证"对话框

图 9-32　设置了数据验证的"水果店"列

步骤 3：使用相同的方法，对"水果"列设置数据验证。设置了数据验证的"水果"列如图 9-33 所示。

	A	B	C	D	E	F	G	H	I
109	2023-8-14	椒江区	太平店	菠萝	70	¥4.00	¥7.20	¥504.00	¥224.00
110	2023-8-14	椒江区	太平店	哈密瓜	23	¥1.20	¥2.20	¥50.60	¥23.00
111									
112				苹果					
113				香蕉					
114				杜果					
115				火龙果					
116				鸭梨					
117				草莓					
118				橘子					
119				西瓜					

图 9-33 设置了数据验证的"水果"列

步骤 4：使用相同的方法，对"所在区"列设置数据验证，只需在"来源"文本框中输入"黄岩区,路桥区,椒江区"（中间用英文半角逗号隔开），单击"确定"按钮即可，如图 9-34 所示。设置了数据验证的"所在区"列如图 9-35 所示。

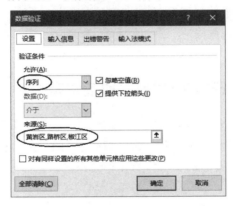

图 9-34 对"所在区"列设置数据验证

	A	B	C	D	E	F	G	H	I
109	2023-8-14	椒江区	太平店	菠萝	70	¥4.00	¥7.20	¥504.00	¥224.00
110	2023-8-14	椒江区	太平店	哈密瓜	23	¥1.20	¥2.20	¥50.60	¥23.00
111									
112		黄岩区							
113		路桥区							
114		椒江区							

图 9-35 设置了数据验证的"所在区"列

2. 为"数量"列设置数据验证

步骤 1：选择"数量"列，在"数据"选项卡中，单击"数据工具"组中的"数据验证"下拉按钮，在打开的下拉列表中选择"数据验证"选项，打开"数据验证"对话框。在该对话框的"设置"选项卡的"允许"下拉列表中选择"整数"选项，在"数据"下拉列表中选择"大于"选项，在"最小值"文本框中输入"0"，如图 9-36 所示。

步骤 2：在"出错警告"选项卡中的"样式"下拉列表中选择"停止"选项，在"错误信息"文本框中输入"只能输入大于 0 的整数"，单击"确定"按钮，如图 9-37 所示。

步骤 3：在"数量"列的空白单元格中输入 0，按 Enter 键，弹出如图 9-38 所示的"Microsoft Excel"对话框，单击"重试"按钮即可重新输入数据。

图 9-36　设置验证条件　　　　　　　　　图 9-37　设置出错警告

图 9-38　"Microsoft Excel"对话框

9.4.6　任务 6：锁定单元格区域和保护工作表

微课：锁定单元格区域和保护工作表

为了防止某些单元格区域中的数据被选择和修改，可以锁定这些单元格区域，启用"保护工作表"功能后，这些被锁定的单元格区域将不能被选择和修改。下面对销售记录表表头所在单元格区域进行锁定，以防其中的文字被选择和修改。

1. 锁定单元格区域

因为在默认情况下，工作表中的所有单元格都是被锁定的，所以要锁定表头所在单元格区域应先取消对所有单元格的锁定。

步骤 1：在销售记录表中，单击左上角的"全选"按钮 ◢ 即选择所有单元格，右击，在弹出的快捷菜单中选择"设置单元格格式"命令，打开"设置单元格格式"对话框，在"保护"选项卡中，取消勾选"锁定"复选框，单击"确定"按钮，如图 9-39 所示。

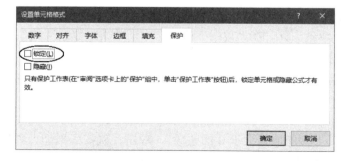

图 9-39　"设置单元格格式"对话框

步骤 2：选择 A2:I2 单元格区域并右击，在弹出的快捷菜单中选择"设置单元格格式"命令，打开"设置单元格格式"对话框，在"保护"选项卡中，勾选"锁定"复选框，单击"确定"按钮。

2. 保护工作表

要使被锁定的单元格区域不能被选择和修改，应启用"保护工作表"功能。

步骤 1：在"审阅"选项卡中，单击"保护"组中的"保护工作表"按钮，打开"保护工作表"对话框，勾选"选定解除锁定的单元格"复选框，取消勾选"选定锁定单元格"复选框，在"取消工作表保护时使用的密码"文本框中输入密码，单击"确定"按钮，如图 9-40 所示。

步骤 2：在打开的"确认密码"对话框中，再次输入相同的密码，单击"确定"按钮，如图 9-41 所示。

图 9-40　"保护工作表"对话框

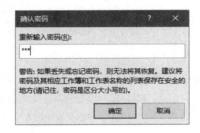

图 9-41　"确认密码"对话框

步骤 3：此时，仅 A2:I2 单元格区域被锁定和保护，用户不能选择该单元格区域中的任一单元格，当然也不能修改其中的内容。

要关闭"保护工作表"功能，只需单击"更改"组中的"撤销工作表保护"按钮并输入相应的密码即可。

9.5　总结与提高

本项目主要介绍了 Excel 2019 中 VLOOKUP 函数、MAX 函数的使用、单元格区域名称的定义，以及排序、分类汇总、数据透视表、数据透视图、数据验证的设置等方面的相关知识。

在很多函数的参数中都用到了单元格区域，为了操作方便，可以为这些单元格区域定义名称，当需要引用这些单元格区域时，直接引用它们的名称即可。在"名称管理器"对话框中，可以对定义的单元格区域名称进行管理，如修改名称、删除名称等。

在使用 VLOOKUP 函数时，要查找的对象必须位于数据区域的第 1 列中。在实际应用中有很多需求可以使用 VLOOKUP 函数来解决。

通过嵌套分类汇总可以实现各种复杂的数据统计，如对本项目中各区各水果店的销售额和毛利润进行分类汇总。

数据透视图是另一种数据表现形式。与数据透视表的不同之处在于，数据透视图用于选择适当的图形和色彩来描述数据的特性。使用数据透视图显示统计数据，更加直观。

数据验证的功能是选择列表、限定输入内容的类型、大小及自定义设置等。当用户设计的表单或工作表要被他人用来输入数据时，数据验证尤为有用。

为了防止某些单元格区域中的数据被选择和修改，可以锁定这些单元格区域，启用"保护工作表"功能后，这些被锁定的单元格区域将不能被选择和修改。

在 Excel 2019 中进行各种统计时，经常要用到各种函数。除了项目中用到的几个函数，常用的函数主要还有以下几种。

1. AND 函数

主要功能：返回逻辑值。如果所有参数值均为 TRUE，那么返回 TRUE，否则返回 FALSE。
使用格式：
AND(logical1,logical2…)
参数说明：logical1,logical2…表示待测试的条件值或表达式，最多为 255 个。

应用举例：在 C5 单元格中输入公式"=AND(A5>=60,B5>=60)"，按 Enter 键，如果 C5 单元格中返回 TRUE，那么说明 A5 单元格和 B5 单元格中的数值均大于或等于 60；如果 C5 单元格中返回 FALSE，那么说明 A5 单元格和 B5 单元格中的数值至少有一个小于 60。

2. OR 函数

主要功能：返回逻辑值。如果所有参数值均为 FALSE，那么返回 FALSE，否则返回 TRUE。
使用格式：
OR(logical1,logical2…)
参数说明：logical1,logical2…表示待测试的条件值或表达式，最多为 255 个。

应用举例：在 C62 单元格中输入公式"=OR(A62>=60,B62>=60)"，按 Enter 键，如果 C62 单元格中返回 TRUE，那么说明 A62 单元格和 B62 单元格中的数值至少有一个大于或等于 60；如果 C62 单元格中返回 FALSE，那么说明 A62 单元格和 B62 单元格中的数值都小于 60。

3. NOT 函数

主要功能：对参数值求反。当要确保一个数值不等于某一特定值时，可以使用 NOT 函数。
使用格式：
NOT(logical)
参数说明：logical 表示一个可以计算出 TRUE 或 FALSE 的逻辑值或逻辑表达式。
应用举例："=NOT(FALSE)"的值为 TRUE；"=NOT(1+1=2)"的值为 FALSE。

4. SUM 函数

主要功能：计算所有参数值的和。

使用格式：

SUM(number1,number2…)

参数说明：number1,number2…表示需要计算的参数值，可以是具体的数值、引用的单元格（区域）、逻辑值等，最多为 255 个。

应用举例：在 D64 单元格中输入公式"=SUM(D2:D63)"，按 Enter 键，即可求出 D2:D63 单元格区域中数值的总和。

5. MOD 函数

主要功能：返回两数相除的余数，结果的正负号与除数相同。

使用格式：

MOD(number,divisor)

参数说明：number 表示被除数；divisor 表示除数。

应用举例：MOD(3,2)的值为 1，MOD(-3,2)的值为 1（正负号与除数相同）。

6. ROUND 函数

主要功能：返回某个数值按指定位数四舍五入后的数值。

使用格式：

ROUND(number,num_digits)

参数说明：number 表示需要进行四舍五入的数值；num_digits 表示指定的位数，按此位数进行四舍五入。

如果 num_digits 大于 0，那么四舍五入到指定的小数位。

如果 num_digits 等于 0，那么四舍五入为最接近的整数。

如果 num_digits 小于 0，那么在小数点左侧进行四舍五入。

应用举例：ROUND(2.15,1)的值为 2.2，ROUND(-1.475,2)的值为-1.48，ROUND(21.5,-1)的值为 20。

7. YEAR 函数

主要功能：返回某日期中的年份，返回值为 1900～9999 的整数。

使用格式：

YEAR(serial_number)

参数说明：serial_number 表示日期，其中包含要查找年份的日期。

应用举例：YEAR 函数的应用举例如图 9-42 所示。

【说明】 MONTH 函数、DAY 函数的用法与 YEAR 函数的用法类似，分别用于返回某日期中的月份和日。TODAY 函数（该函数不需要参数）用于返回系统的当前日期。

8. HOUR 函数

主要功能：返回时间中的时（0～23 的整数）。

使用格式：

HOUR(serial_number)

参数说明：serial_number 表示时间，其中包含要查找的时。

应用举例：HOUR 函数的应用举例如图 9-43 所示。

	A	B
1	日期	
2	2008-7-5	
3	2010-7-5	
4	公式	说明（结果）
5	=YEAR(A2)	第一个日期的年份（2008）
6	=YEAR(A3)	第二个日期的年份（2010）

图 9-42　YEAR 函数的应用举例

	A	B
1	日期	
2	3:30:30 AM	
3	3:30:30 PM	
4	15:30	
5	公式	说明（结果）
6	=HOUR(A2)	第一个时间的时　（3）
7	=HOUR(A3)	第二个时间的时　（15）
8	=HOUR(A4)	第三个时间的时　（15）
9	=MINUTE(A2)	第一个时间的分　（30）

图 9-43　HOUR 函数的应用举例

【说明】 MINUTE 函数的用法与 HOUR 函数的用法类似，用于返回时间中的分。

9. REPLACE 函数

主要功能：使用其他文本字符串并根据指定的字符数替换某文本字符串中的部分文本。

使用格式：

REPLACE(old_text,start_num,num_chars,new_text)

参数说明：old_text 表示要替换部分字符的文本；start_num 表示要用 new_text 替换的 old_text 中字符的位置；num_chars 表示希望使用 new_text 替换 old_text 中字符的个数；new_text 表示要替换 old_text 中字符的文本。

应用举例：REPLACE 函数的应用举例如图 9-44 所示。

	A	B
1	数据	
2	abcdefghijk	
3	2009	
4	123456	
5	公式	说明（结果）
6	=REPLACE(A2,6,5,"*")	从 A2 单元格中数据的第 6 个字符开始，替换 5 个字符（abcde*k）
7	=REPLACE(A3,3,2,"10")	用 10 替换 2009 的最后两位（2010）
8	=REPLACE(A4,1,3,"@")	用 @ 替换 A4 单元格中数据的前 3 个字符（@456）

图 9-44　REPLACE 函数的应用举例

10. MID 函数

主要功能：返回文本字符串中从指定位置开始的特定数量的字符。

使用格式：

MID(text,start_num,num_chars)

参数说明：text 表示要提取字符的文本字符串；start_num 表示文本中要提取的第一个字符的位置；num_chars 表示希望从文本中返回字符的个数。

应用举例：MID("abcdefgh",3,2)的值为 cd。

11.　CONCAT 函数

主要功能：将几个文本字符串合并为一个文本字符串。

使用格式：

CONCAT(text1,text2...)

参数说明：text1,text2...代表文本字符串，最多为 253 个。

应用举例：若 A1 单元格和 A2 单元格的内容分别为"2023""9"，则 CONCAT(A1,"年",A2,"月")的值为"2023 年 9 月"。

12.　EXACT 函数

主要功能：比较两个字符串是否完全相同（区分大小写），返回 TRUE 或 FALSE。

使用格式：

EXACT(text1,text2)

参数说明：text1,text2 表示两个文本字符串。

应用举例：EXACT("Word","word")的值为 FALSE。

13.　FIND 函数

主要功能：返回一个字符串在另一个字符串中出现的起始位置（区分大小写）。

使用格式：

FIND(find_text,within_text,start_num)

参数说明：find_text 表示要查找的字符串；within_text 表示包含待查找字符串的字符串；start_num 表示开始进行查找的字符位置编号（若省略，则取默认值 1）。

应用举例：FIND("cd","abcdeabcde")的值为 3。

14.　TEXT 函数

主要功能：根据指定的数字格式将数值转换成文本。

使用格式：

TEXT(value,format_text)

参数说明：value 表示需要转换格式的数值；format_text 表示指定的数字格式。

应用举例：TEXT(123.456,"$0.00")的值为"$123.46"，TEXT(1234,"[dbnum2]")的值为"壹仟贰佰叁拾肆"。

15.　UPPER 函数

主要功能：将文本字符串转换成字母全部大写的形式。

使用格式：

UPPER(text)

参数说明：text 表示需要转换成大写字母的文本字符串。

应用举例：UPPER("Word")的值为 WORD。

16. LOWER 函数

主要功能：将文本字符串转换成字母全部小写的形式。

使用格式：LOWER(text)

参数说明：text 表示需要转换成小写字母的文本字符串。

应用举例：LOWER("Word")的值为 word。

17. HLOOKUP 函数

主要功能：先在表格第 1 行中查找指定数值，再返回该数值所在列的指定行中的数值。

使用格式：HLOOKUP(lookup_value,table_array,row_index_num,[range_lookup])

参数说明：lookup_value 表示在表格第 1 行中需要查找的数值；table_array 表示需要在其中查找数据的单元格区域；row_index_num 表示在 table_array 中等待返回匹配值的行序号；range_lookup 表示一个逻辑值，若为 TRUE 或被省略，则返回精确匹配值或近似匹配值，也就是说，如果找不到精确匹配值，那么返回小于 lookup_value 的最大数值，若为 FALSE，则只查找精确匹配值，也就是说，如果找不到，那么返回错误值（#N/A）。

应用举例：HLOOKUP 函数的应用举例如图 9-45 所示。

	A	B	C
1	Axles	Bearings	Bolts
2	4	4	9
3	5	7	10
4	6	8	11
5	公式	说明（结果）	
6	=HLOOKUP("Axles",A1:C4,2,TRUE)	在首行查找 Axles，并返回同列中第 2 行的值 （4）	
7	=HLOOKUP("Bearings",A1:C4,3,FALSE)	在首行查找 Bearings，并返回同列中第 3 行的值 （7）	
8	=HLOOKUP("B",A1:C4,3,TRUE)	在首行查找 B，并返回同列中第 3 行的值。由于 B 不是精确匹配值，因此将使用小于 B 的 Axles 所在列的最大值 （5）	
9	=HLOOKUP("Bolts",A1:C4,4)	在首行查找 Bolts，并返回同列中第 4 行的值 （11）	
10	=HLOOKUP(3,{1,2,3:"a","b","c":"d","e","f"},2,TRUE)	在数组常量的首行查找 3，并返回同列中第 2 行的值 （c）	

图 9-45　HLOOKUP 函数的应用举例

18. DAVERAGE 函数

主要功能：返回列表或数据库中满足指定条件的列中数值的平均值。

使用格式：

DAVERAGE(database,field,criteria)

参数说明：database 表示构成列表或数据库的单元格区域；field 用于指定函数使用的数据列，field 可以是文本，即两端带双引号的标志项，如"使用年数"或"产量"，也可以是列表中数据列位置的数值，如 1 表示第一列，2 表示第二列等；criteria 表示一组包含给定条件的单元格区域。

应用举例：DAVERAGE 函数的应用举例如图 9-46 所示。

19. DCOUNT、DSUM、DMAX、DMIN 函数

主要功能：DCOUNT、DSUM、DMAX、DMIN 函数分别返回列表或数据库中满足指定条件的列中数值的单元格数目、总和、最大值、最小值。其用法与 DAVERAGE 函数的用法类似，此处不再赘述。

应用举例：DCOUNT、DSUM、DMAX、DMIN 函数的应用举例如图 9-46 所示。

	A	B	C	D	E	F
1	树种	高度	使用年数	产量	利润	高度
2	苹果树	>10				<16
3	梨树					
4	树种	高度	使用年数	产量	利润	
5	苹果树		18	20	14	105
6	梨树		12	12	10	96
7	樱桃树		13	14	9	105
8	苹果树		14	15	10	75
9	梨树		9	8	8	76.8
10	苹果树		8	9	6	45
11	公式	说明（结果）				
12	=DCOUNT(A4:E10,"使用年数",A1:F2)	此函数查找高度在 10 到 16 英尺的苹果树的记录，并且计算这些记录中"使用年数"字段也包含数字的单元格数目。(1)				
13	=DCOUNTA(A4:E10,"利润",A1:F2)	此函数查找高度为 10 到 16 英尺的苹果树记录，并计算这些记录中"利润"字段为非空的单元格数目。(1)				
14	=DMAX(A4:E10,"利润",A1:A3)	此函数查找苹果树和梨树的最大利润。(105)				
15	=DMIN(A4:E10,"利润",A1:B2)	此函数查找高度为 10 英尺以上的苹果树的最小利润。(75)				
16	=DSUM(A4:E10,"利润",A1:A2)	此函数计算苹果树的总利润。(225)				
17	=DSUM(A4:E10,"利润",A1:F2)	此函数计算高度在 10 到 16 英尺的苹果树的总利润。(75)				
18	=DAVERAGE(A4:E10,"产量",A1:B2)	此函数计算高度为 10 英尺以上的苹果树的平均产量。(12)				
19	=DAVERAGE(A4:E10,3,A4:E10)	此函数计算数据库中所有树种的平均使用年数。(13)				

图 9-46　DAVERAGE、DCOUNT、DSUM、DMAX、DMIN 函数的应用举例

20. IS 类函数

ISBLANK、ISERR、ISERROR、ISLOGICAL、ISNA 、 ISNONTEXT 、 ISNUMBER 、 ISREF、ISTEXT、ISEVEN、ISODD 函数统称 IS 类函数，可以检验数值的类型并根据参数取值返回 TRUE 或 FALSE。例如，如果数值为对空白单元格的引用，那么 ISBLANK 函数返回 TRUE；否则返回 FALSE。

应用举例：IS 类函数的应用举例如图 9-47 所示。

图 9-47　IS 类函数的应用举例

9.6　拓展知识：中国巨型计算机事业开拓者金怡濂

金怡濂，中国高性能计算机领域著名专家，中国巨型计算机事业开拓者，"神威"超级计算机总设计师，有"中国巨型计算机之父"的美誉，1951 年毕业于清华大学电机系，1994 年当选为中国工程院首批院士，2003 年第三届"国家最高科学技术奖"唯一获奖者，2010 年 5 月国际永久编号"100434"这颗小行星以金怡濂的名字命名。

金怡濂作为运控部分负责人之一，参加了中国第一台通用大型电子计算机的研制，此后长期致力于电子计算机体系结构、高速信号传输技术、计算机组装技术等方面的研究与实践，先后主持研制成功多种当时居国内领先地位的大型计算机系统。在此期间，他提出了具体设

计方案，做出了很多关键性决策，解决了许多复杂的理论问题和技术难题，对中国计算机事业尤其是并行计算机技术的发展贡献卓著。

9.7 习题

一、选择题

1. 将数值向上舍入到最接近的偶数的函数是_____。
   A. EVEN　　　　　B. ODD　　　　　C. ROUND　　　　　D. TRUNC

2. 将数值向上舍入到最接近的奇数的函数是_____。
   A. ROUND　　　　　B. TRUNC　　　　　C. EVEN　　　　　D. ODD

3. 将数值截尾取整的函数是_____。
   A. TRUNC　　　　　B. INT　　　　　C. ROUND　　　　　D. CEILING

4. 返回参数中非空单元格数目的函数是_____。
   A. COUNT　　　　　　　　　　B. COUNTBLANK
   C. COUNTIF　　　　　　　　　D. COUNTA

5. 以下不需要参数的函数是_____。
   A. DATE　　　　　B. DAY　　　　　C. TODAY　　　　　D. TIME

6. 关于筛选，以下叙述正确的是_____。
   A. 自动筛选可以同时显示数据区域和筛选结果
   B. 高级筛选可以进行更复杂条件的筛选
   C. 高级筛选不需要建立条件区域，只有数据区域就可以了
   D. 自动筛选可以将筛选结果放到指定区域中

7. 使用 Excel 2019 的数据筛选功能，可以将_____。
   A. 满足条件的数据显示出来，而删除不满足条件的数据
   B. 不满足条件的数据暂时隐藏起来，只显示满足条件的数据
   C. 不满足条件的数据用另外一个工作表保存起来
   D. 满足条件的数据突出显示

8. 某单位要统计各科室人员工资情况，按工资从高到低排序，若工资相同，则以工龄降序排列。以下说法正确的是_____。
   A. 主要关键字为"科室"，次要关键字为"工资"，第二个次要关键字为"工龄"
   B. 主要关键字为"工资"，次要关键字为"工龄"，第二个次要关键字为"科室"
   C. 主要关键字为"工龄"，次要关键字为"工资"，第二个次要关键字为"科室"
   D. 主要关键字为"科室"，次要关键字为"工龄"，第二个次要关键字为"工资"

9. 关于分类汇总，以下叙述正确的是_____。
   A. 在进行分类汇总前，必须先应对要分类的字段进行排序

B．可以按多个字段分类

C．只能对数值型字段分类

D．汇总方式只能为求和

10．为了实现多字段的分类汇总，Excel 2019 提供的工具是_____。

A．数据地图　　　　　　　　　B．数据列表

C．数据分析　　　　　　　　　D．数据透视表

二、实践操作题

1．打开素材库中的"教材订购情况表.xlsx"文件，按下面的要求进行操作，并把操作结果存盘。

【说明】 在做题时，不得对数据表进行随意更改。

（1）设置在 Sheet5 的 A1 单元格中只能输入 5 位数值或文本。当输入位数错误时，提示错误原因，样式为"警告"，错误信息为"只能输入 5 位数值或文本"。

（2）在 Sheet5 的 B1 单元格中输入 1/3。

（3）使用数组公式，对 Sheet1 中教材订购情况表的订购金额进行计算。

① 将结果保存到该工作表的"金额"列中。

② 计算公式：

金额=订单数×单价

（4）使用统计函数，对 Sheet1 中教材订购情况表按以下条件进行统计，并将结果保存到 Sheet1 中的相应位置。

① 统计出版社名称为"高等教育出版社"的图书的种类数，并将结果保存到 Sheet1 的 L2 单元格中。

② 统计订购数量大于 110 本且小于 850 本的图书的种类数，并将结果保存到 Sheet1 的 L3 单元格中。

（5）使用函数，计算每个客户订购图书所需支付的金额总数，并将结果保存到 Sheet1 的用户支付情况表的"支付总额"列中。

（6）使用函数，判断 Sheet2 中的年份是否为闰年。如果是，那么将结果保存为"闰年"；如果不是，那么将结果保存为"平年"，并将结果保存到"是否为闰年"列中。

闰年定义：年份能被 4 整除而不能被 100 整除，或能被 400 整除。

（7）将 Sheet1 中的教材订购情况表复制到 Sheet3 中，对 Sheet3 进行高级筛选。

筛选条件为"订单数>=500，且金额<=30 000"。

将结果保存到 Sheet3 中。

① 无须考虑是否删除或移动筛选条件。

② 在复制过程中，将标题"教材订购情况表"连同数据表中的数据一同复制。

③ 在粘贴时，必须顶格放置数据表。

④ 在复制过程中，数据应保持一致。

（8）根据 Sheet1 中教材订购情况表的筛选结果，在 Sheet4 中新建一个数据透视表。

① 显示每个客户在每家出版社征订的教材数量。

② 设置"行"区域为"出版社"。

③ 设置"列"区域为"客户"。

④ 设置"值"区域为"订单数"。

⑤ 设置计数项为"订单数"。

2．打开素材库中的"电话号码升级表.xlsx"文件，按下面的要求进行操作，并把操作结果存盘。

（1）设置在 Sheet5 的 A1 单元格中只能输入 5 位数值或文本。当输入位数错误时，提示错误原因，样式为"警告"，错误信息为"只能输入 5 位数值或文本"。

（2）在 Sheet5 的 B1 单元格中输入公式，按 Enter 键，判断当前年份是否为闰年，结果为 TRUE 或 FALSE。

（3）使用时间函数，对 Sheet1 中用户的年龄进行计算。

假设当前时间是"2021-5-1"，结合用户的出生年月，计算用户的年龄，并将结果保存到"年龄"列中。计算方法为两个年份之差。

（4）使用 REPLACE 函数，对 Sheet1 中用户的电话号码进行升级。

对"原电话号码"列中的电话号码进行升级。升级方法是在区号（0571）后面加上 8，并将其计算结果保存到"升级电话号码"列的相应单元格中。例如，电话号码 05716742808 升级后为 057186742808。

（5）在 Sheet1 中，使用 AND 函数，根据"性别"列及"年龄"列中的数据，判断所有用户是否为大于或等于 40 岁的男性，并将结果保存到"是否>=40 男性"列中。

如果是，那么保存结果为 TRUE；否则保存结果为 FALSE。

（6）根据 Sheet1 中的数据，对以下条件使用统计函数进行统计。

① 统计性别为男的用户人数，并将结果输入 Sheet2 的 B2 单元格。

② 统计年龄大于 40 岁的用户人数，并将结果输入 Sheet2 的 B3 单元格。

（7）将 Sheet1 复制到 Sheet3 中，并对 Sheet3 进行高级筛选。筛选条件为："性别"为"女"，"所在区域"为"西湖区"。将筛选结果保存到 Sheet3 中。

① 无须考虑是否删除或移动筛选条件。

② 在粘贴时，必须顶格放置工作表。

（8）根据 Sheet1 的筛选结果，在 Sheet4 中创建一个数据透视图。

① 显示每个区域拥有的用户数量。

② 设置 x 坐标为"所在区域"。

③ 设置计数项为"所在区域"。

④ 将对应的数据透视表保存到 Sheet4 中。

学习情境四

PowerPoint 2019
高级应用

- 项目 10　论文答辩稿制作
- 项目 11　学院简介演示文稿制作
- 项目 12　电子相册制作

项目10

论文答辩稿制作

本项目将以"论文答辩稿制作"为例，介绍如何使用 PowerPoint 2019 制作幻灯片，插入超链接和动作按钮，设置页眉和页脚、动画效果、主题，设置放映方式和打印演示文稿方面的相关知识。

10.1 项目导入

经过几个月的辛勤努力，小李终于完成了自己的毕业论文，即《图书信息资料管理系统的研究与设计》。马上就要进行论文答辩了，如何才能使答辩生动活泼、引人入胜，给评委们留下一个良好的印象呢？

小李觉得 Word 2019 适用于文字处理，Excel 2019 适用于数据处理，只有 PowerPoint 2019 才适用于资料展示，如课堂教学、论文答辩、产品发布、项目论证、会议报告、个人或公司介绍等。这是因为 PowerPoint 2019 可以集文字、图形、声音、视频图像、动画于一体，同时可以通过超链接创建形象生动、高度交互的多媒体演示文稿。因此，小李决定使用 PowerPoint 2019 制作论文答辩稿。

在制作论文答辩稿的过程中，小李遇到了以下几个问题。

（1）如何制作幻灯片，来阐述论文的观点？

（2）如何实现不同幻灯片之间的跳转，来提高演示文稿的交互性？

（3）如何在每张幻灯片中添加日期、幻灯片编号等，并设置幻灯片的动画效果，还要使每张幻灯片具有统一的风格？

（4）如何设置放映方式，并打印演示文稿？

在张老师的指导和帮助下，小李终于解决了以上几个问题，以下是他的解决方法。

10.2　项目分析

　　根据论文内容提要，为每张幻灯片选择合适的版式，在每张幻灯片中添加文字、图形、图片、艺术字等对象，从而制作出各张幻灯片。其中，第 1 张幻灯片一般为标题幻灯片，主要包括论文题目，以及答辩者的姓名、所在班级、指导老师等信息。由于论文内容较多，因此可以在第 2 张幻灯片中放置论文目录，起到预览论文核心内容和导读的作用。后面的幻灯片一般为各相关主题的幻灯片，最后 1 张幻灯片一般为"答辩结束"幻灯片。

　　幻灯片制作完成后，为了便于讲解和提高交互性，可能要随时改变播放顺序，可以为目录中的各条目插入超链接（链接到相关主题的幻灯片），还可以插入动作按钮，实现上下翻页的功能。

　　在页眉和页脚中，可以添加日期、幻灯片编号等。为了使演示文稿更加生动活泼、形象逼真，获得最佳演示效果，还应设置幻灯片的动画效果。动画效果包括幻灯片之间的切换效果和幻灯片内部的自定义动画效果。可以使用"主题"组，快速美化和统一所有幻灯片的风格。PowerPoint 2019 内置的主题库中提供了大量的主题，用户可以根据需要选择其中的某个主题来快速美化幻灯片。

　　演示文稿制作完成后，应设置合适的放映方式，有时还需要打印演示文稿。

　　由以上分析可知，论文答辩稿制作可以分为 4 个任务，即制作 8 张幻灯片，插入超链接和动作按钮，设置页眉和页脚、动画效果、主题，设置放映方式和打印演示文稿。

　　论文答辩稿制作的操作流程如图 10-1 所示，完成效果如图 10-2 所示。

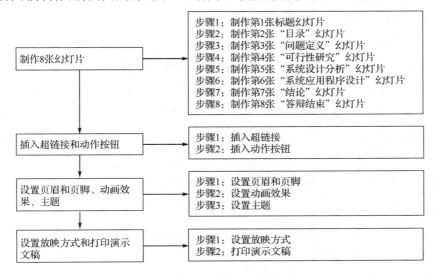

图 10-1　论文答辩稿制作的操作流程

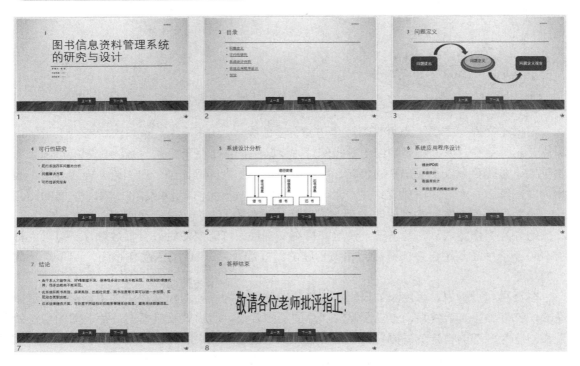

图 10-2　完成效果

10.3　相关知识点

1.　演示文稿和幻灯片

一个 PowerPoint 2019 文件为一个演示文稿，一个演示文稿通常由一组幻灯片构成。制作演示文稿的过程实际上就是制作一张张幻灯片的过程。幻灯片中可以包含文字、表格、图片、音频、视频等内容。使用 PowerPoint 2019 制作的演示文稿的扩展名为.pptx。

2.　占位符

占位符指幻灯片中一种带有虚线或阴影线边缘的框，绝大多数版式中都有这种框。在这些框内可以放置标题及正文，也可以放置图表、表格和图片等对象。

占位符的位置和大小一般取决于幻灯片所用的版式。

3.　版式

版式指幻灯片内容在幻灯片中的排列方式。版式由占位符组成，占位符中可以放置文字（标题和项目符号列表等）和幻灯片内容（表格、图表、图片、图形等）。

4.　超链接和动作按钮

在放映演示文稿时，默认按顺序播放幻灯片。通过为幻灯片中的对象插入超链接和动作按钮，可以改变幻灯片的放映顺序，提高演示文稿的交互性。

在 PowerPoint 2019 中，通过超链接可以从一张幻灯片跳转到同一个演示文稿中的其他幻灯片中，也可以跳转到其他演示文稿、电子邮件地址、网页等中。

动作按钮以图形化的按钮进行超链接，如"前进""后退"动作按钮分别链接到下一张幻灯片和上一张幻灯片。

5. 动画效果

动画效果指当放映幻灯片时，幻灯片中的一些对象（文本、图形等）会按一定的顺序依次显示或使用运动画面。为幻灯片中的文本、图形、表格和其他对象添加动画效果，可以突出重点、控制信息流，并增加演示文稿的趣味性，从而给观众留下深刻的印象。设置动画效果有时可以起到画龙点睛的作用。

动画效果包括幻灯片之间的切换效果和幻灯片内部的自定义动画效果。为演示文稿中的幻灯片添加切换效果，可以使在放映过程中幻灯片之间的过渡衔接得更为自然。自定义动画允许对每张幻片中的各种对象分别设置不同的、功能更强的动画效果，以期达到更好的播放效果。

6. 动画刷

为演示文稿添加动画是比较烦琐的事情，尤其还要逐个调节时间和速度。使用 PowerPoint 2019 中的"动画刷"按钮，可以像使用"格式刷"按钮一样，把原有对象上的动画效果复制到新的目标对象上。

7. 主题

主题指一组预定义的颜色、字体和视觉效果，适用于幻灯片，以实现统一、专业的外观。通过使用主题，可以轻松地赋予演示文稿和谐的外观。

主题是主题颜色、字体和效果三者的组合。主题可以作为一套独立的选择方案应用于文件中。主题颜色、字体和效果可以同时在 PowerPoint 2019、Excel 2019、Word 2019 和 Outlook 2019 中应用，使演示文稿、电子表格、电子文档和电子邮件具有统一的风格。

10.4　项目实施

扫一扫

微课：制作 8 张幻灯片

10.4.1　任务 1：制作 8 张幻灯片

下面制作幻灯片。

步骤 1：启动 PowerPoint 2019，新建空白演示文稿，在第 1 张幻灯片中输入相应的内容，效果如图 10-3 所示。

步骤 2：在"开始"选项卡中，单击"幻灯片"组中的"新建幻灯片"下拉按钮，在打开的下拉列表中选择"Office 主题"区域的"标题和内容"选项，如图 10-4 所示。此时，即可插入 1 张幻灯片（第 2 张幻灯片）。在"标题"占位符中输入"目录"，在"内容"占位符中输入目录内容，效果如图 10-5 所示。

图书信息资料管理系统的
研究与设计

答辩人：李 想
所在班级：×××
指导老师：×××

图 10-3　第 1 张幻灯片的效果

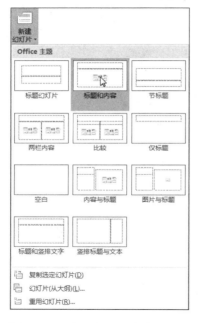

图 10-4　选择"标题和内容"版式

图 10-5　第 2 张幻灯片的效果

步骤 3：使用相同的方法，再次插入 1 张"仅标题"版式的幻灯片，在"标题"占位符中输入"问题定义"。

在"插入"选项卡中，单击"插图"组中的"形状"下拉按钮，在打开的下拉列表中选择"基本形状"区域的"椭圆"选项，如图 10-6 所示。先将鼠标指针置于"标题"占位符下方空白处并拖动鼠标，画出 1 个大小合适的椭圆，再画出 2 个略小一些的椭圆，移动这 3 个椭圆使它们的上顶点重合，如图 10-7 所示。

右击最上面的椭圆，在弹出的快捷菜单中选择"设置形状格式"命令，打开"设置形状格式"窗格，展开"填充"选项，选中"纯色填充"单选按钮，并在"颜色"下拉列表中选择"主题颜色"区域的"浅灰色，背景 2，深色 10%"选项作为椭圆的填充颜色，在"线条"

选项中，还可设置椭圆线条的颜色，如图 10-8 所示。

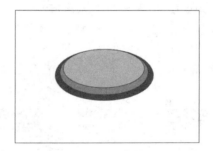

图 10-6 选择"椭圆"图形   图 10-7 3 个椭圆的上顶点重合

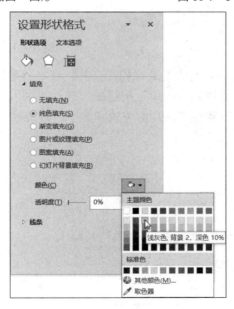

图 10-8 "设置形状格式"窗格

使用相同的方法，设置另外 2 个椭圆的填充颜色分别为"浅灰色，背景 2，深色 25%"和"浅灰色，背景 2，深色 50%"。

右击最上面的椭圆，在弹出的快捷菜单中选择"编辑文字"命令，在最上面的椭圆中输入"问题定义"，并设置文字颜色为黑色。

按住 Ctrl 键的同时分别选择这 3 个椭圆并右击，在弹出的快捷菜单中选择"组合"→"组合"命令，使这 3 个椭圆组合成一个整体（以下简称"组合图形"），移动组合图形至幻灯片的中央。

使用相同的方法，先在组合图形左侧插入一个圆角矩形，在圆角矩形中添加文字"问题提出"（右击圆角矩形，在弹出的快捷菜单中选择"编辑文本"命令），再在组合图形右侧插入一个圆角矩形，在圆角矩形中添加文字"问题定义报告"（右击圆角矩形，在弹出的快捷菜单中选择"编辑文本"命令）。

在每相邻的两个图形之间分别插入上弧形箭头和下弧形箭头，并调整箭头的位置和大小，效果如图 10-9 所示。

步骤 4：插入一张"标题和内容"版式的幻灯片，在"标题"占位符中输入"可行性研究"，在"内容"占位符中输入相应文字，并设置 1.5 倍行距，效果如图 10-10 所示。

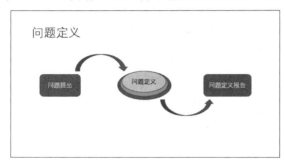

图 10-9　第 3 张幻灯片的效果　　　　　　　图 10-10　第 4 张幻灯片的效果

步骤 5：插入一张"标题和内容"版式的幻灯片，在"标题"占位符中输入"系统设计分析"，单击"内容"占位符中的"图片"按钮，打开"插入图片"对话框，找到并插入"系统设计分析"图片，适当调整该图片的位置和大小，效果如图 10-11 所示。

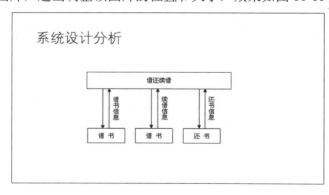

图 10-11　第 5 张幻灯片的效果

步骤 6：插入一张"标题和内容"版式的幻灯片，在"标题"占位符中输入"系统应用程序设计"，在"内容"占位符中输入相应文字，并设置 1.5 倍行距，选择"内容"占位符中的所有文字，在"开始"选项卡中，单击"段落"组中的"编号"下拉按钮，在打开的"编号"下拉列表中选择第 1 行第 2 列的编号，如图 10-12 所示。此时，第 6 张幻灯片的效果如图 10-13 所示。

图 10-12　"编号"下拉列表　　　　　　　　图 10-13　第 6 张幻灯片的效果

步骤 7：插入一张"标题和内容"版式的幻灯片，在"标题"占位符中输入"结论"，在"内容"占位符中输入相应文字，效果如图 10-14 所示。

图 10-14　第 7 张幻灯片的效果

步骤 8：插入一张"仅标题"版式的幻灯片，在"标题"占位符中输入"答辩结束"，在"插入"选项卡中，单击"文本"组中的"艺术字"下拉按钮，在打开的"艺术字"下拉列表中选择第 1 行第 1 列的艺术字样式，如图 10-15 所示。此时，在幻灯片中插入了艺术字"请在此放置您的文字"，把这些文字修改为"敬请各位老师批评指正！"。

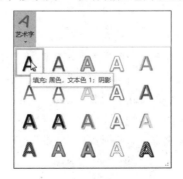

图 10-15　"艺术字"下拉列表

在"绘图工具/格式"选项卡中，单击"艺术字样式"组中的"文本效果"下拉按钮，在打开的下拉列表中选择"转换"选项，在"转换"下拉列表中选择"弯曲"区域的"朝鲜鼓"选项，如图 10-16 所示。

适当调整"艺术字"占位符的位置和大小，上下拖动"艺术字"占位符的圆形控制柄，调整弧度，效果如图 10-17 所示。

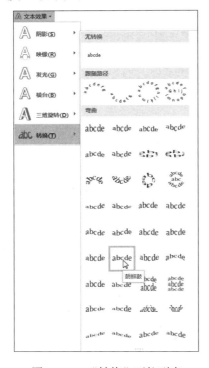

图 10-16　"转换"下拉列表

图 10-17　第 8 张幻灯片的效果

10.4.2　任务 2：插入超链接和动作按钮

幻灯片的顺序是按毕业论文大纲的内容规划的。出于答辩需要，可能会改变播放顺序，这可以通过插入超链接和动作按钮来实现。

1．插入超链接

步骤 1：在"目录"幻灯片中，选择文字"问题定义"并右击，在弹出的快捷菜单中选择"超链接"命令，打开"插入超链接"对话框，在左侧的"链接到"区域中选择"本文档中的位置"选项，在中间的"请选择文档中的位置"列表框中选择"3. 问题定义"选项，单击"确定"按钮，如图 10-18 所示。至此，完成超链接的设置。此时文字"问题定义"变为蓝色，并添加了下画线。

步骤 2：使用与步骤 1 相同的方法，分别将"目录"幻灯片中的文字"可行性研究""系统设计分析""系统应用程序设计""结论"链接到第 4、5、6、7 张幻灯片。

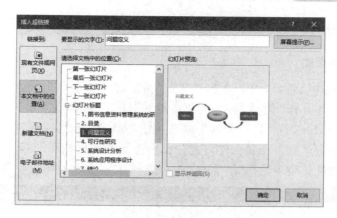

图 10-18 　"插入超链接"对话框

2. 插入动作按钮　●

为了便于幻灯片的上下翻页，可以制作"上一页"动作按钮和"下一页"动作按钮。因为这两个动作按钮需要在每张幻灯片中出现，所以可以在幻灯片母版中制作这两个动作按钮。

步骤 1：在"视图"选项卡中，单击"母版视图"组中的"幻灯片母版"按钮 ，打开母版视图，在左侧窗格中选择第 1 张幻灯片母版（**Office** 主题 幻灯片母版：由幻灯片 1～8 使用）。

步骤 2：在"插入"选项卡中，单击"插图"组中的"形状"下拉按钮 ，在打开的下拉列表中选择"动作按钮"区域的最后一个动作按钮，在底部画一个动作按钮，在打开的"操作设置"对话框的"单击鼠标"选项卡中，选中"超链接到"单选按钮，并单击其右下方的下拉按钮，在打开的下拉列表中选择"上一张幻灯片"选项，单击"确定"按钮，如图 10-19 所示。

步骤 3：右击刚绘制的动作按钮，在弹出的快捷菜单中选择"编辑文字"命令，输入"上一页"，使用相同的方法，制作一个"下一页"动作按钮（链接到下一张幻灯片），效果如图 10-20 所示。

图 10-19 　"操作设置"对话框

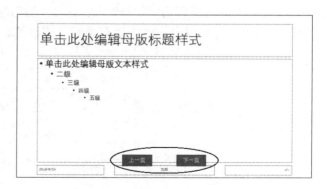

图 10-20 　动作按钮的效果

10.4.3 任务 3：设置页眉和页脚、动画效果、主题

微课：设置页眉和页脚、动画效果、主题

1. 设置页眉和页脚

步骤 1：在"插入"选项卡中，单击"文本"组中的"页眉和页脚"按钮，打开"页眉和页脚"对话框，勾选"日期和时间"复选框和"幻灯片编号"复选框，并选中"自动更新"单选按钮，单击"全部应用"按钮，如图 10-21 所示。这样在每张幻灯片中都会显示当前日期和幻灯片编号（页码），以便答辩者使用。

图 10-21 "页眉和页脚"对话框

如果不想在标题幻灯片中显示当前日期（其他幻灯片中要显示），那么需要在如图 10-21 所示的对话框中勾选"标题幻灯片中不显示"复选框。

步骤 2：在"幻灯片母版"选项卡中，单击"关闭"组中的"关闭母版视图"按钮，关闭母版视图。

2. 设置动画效果

步骤 1：在"切换"选项卡中，单击"切换到此幻灯片"组右下角的"其他"按钮，如图 10-22 所示。展开所有切换效果选项，选择"动态内容"区域的"窗口"选项，如图 10-23 所示。单击"计时"组中的"应用到全部"按钮，即把所有幻灯片的切换效果都设置为"窗口"。

图 10-22 单击"切换到此幻灯片"组右下角的"其他"按钮

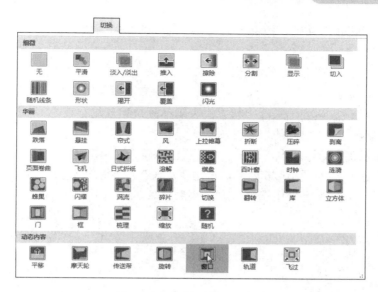

图 10-23　选择"窗口"选项

下面设置第 1 张幻灯片的自定义动画效果：标题"图书信息资料管理系统的研究与设计"的进入效果为"棋盘"；副标题（共 3 行文字）的进入效果为"上浮"，并且在标题出现 1 秒后自动开始，不需要单击。

步骤 2：选择第 1 张幻灯片中的标题"图书信息资料管理系统的研究与设计"，在"动画"选项卡中，单击"高级动画"组中的"添加动画"下拉按钮★，在打开的下拉列表中选择"更多进入效果"选项，打开"添加进入效果"对话框，在"基本"区域中选择"棋盘"选项，单击"确定"按钮，如图 10-24 所示。在"计时"组中，设置"开始"为"上一动画之后"。

步骤 3：使用相同的方法，选择副标题（共 3 行文字），并为其添加进入效果为"上浮"，在"计时"组中，设置"开始"为"上一动画之后"、"延迟"时间为"01.00"，如图 10-25 所示。

图 10-24　"添加进入效果"对话框　　　　图 10-25　设置"开始"选项和"延迟"选项

下面使用"动画刷"按钮，把第 1 张幻灯片的标题的动画效果复制到其他 7 张幻灯片的标题上。

步骤 4：单击第 1 张幻灯片的标题，在"动画"选项卡中，双击"高级动画"组中的"动画刷"按钮 ，此时鼠标指针旁出现一把刷子，分别单击其他 7 张幻灯片的标题并单击"动画刷"按钮 ，使该按钮处于未选中状态，表示动画效果复制结束。

下面设置其他幻灯片内部的自定义动画效果。

步骤 5：在第 2 张幻灯片中，单击"内容"占位符，在"动画"选项卡中，选择"动画"组中的"飞入"选项，如图 10-26 所示。单击"动画"组中的"效果选项"下拉按钮，在打开的下拉列表的"方向"区域中选择"自左侧"选项，如图 10-27 所示。

图 10-26　选择"飞入"选项　　　　　图 10-27　选择"自左侧"选项

图 10-28　第 2 张幻灯片的
"动画窗格"

步骤 6：使用与步骤 4 相同的方法，把第 2 张幻灯片的"内容"占位符中的动画效果复制到其他幻灯片（第 3～8 张幻灯片）的"内容"占位符或图形中。

步骤 7：在"动画"选项卡中，单击"高级动画"组中的"动画窗格"按钮，打开"动画窗格"窗格。图 10-28 显示的是第 2 张幻灯片的"动画窗格"窗格，其中的序号表示动画的播放顺序，单击"动画窗格"窗格右上方的 按钮和 按钮可以调整动画的播放顺序。

3. 设置主题

步骤 1：在"设计"选项卡中，选择"主题"组中的"画廊"选项，如图 10-29 所示。此时，所有幻灯片都应用了"画廊"主题。应用了"画廊"主题的第 1 张幻灯片的效果如图 10-30 所示。

图 10-29　选择"画廊"选项

图 10-30　应用了"画廊"主题的第 1 张幻灯片的效果

步骤 2：如果对所应用主题的某一部分元素不够满意，那么可以通过"变体"组中的"颜色"选项、"字体"选项、"效果"选项或"背景样式"选项，进行进一步修改。

10.4.4　任务 4：设置放映方式和打印演示文稿

1．设置放映方式

步骤 1：在"幻灯片放映"选项卡中，单击"设置"组中的"设置幻灯片放映"按钮，打开"设置放映方式"对话框，可以设置放映类型、放映选项、绘图笔颜色等，如图 10-31 所示。

微课：设置放映方式和打印演示文稿

步骤 2：在"设计"选项卡中，单击"自定义"组中的"幻灯片大小"下拉按钮，在打开的下拉列表中选择"自定义幻灯片大小"选项，打开"幻灯片大小"对话框，可以设置幻灯片大小（宽度和高度）、幻灯片编号起始值、方向等，如图 10-32 所示。

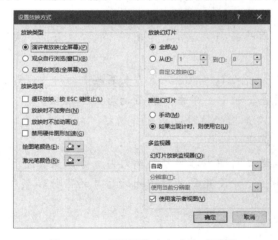

图 10-31　"设置放映方式"对话框

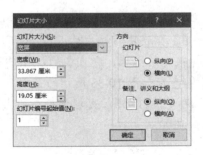

图 10-32　"幻灯片大小"对话框

2. 打印演示文稿

选择"文件"→"打印"命令，在打开的窗口中可以设置"打印"选项，如打印份数、打印范围、打印内容、打印颜色等。这里设置打印份数为1，打印全部幻灯片，打印内容为讲义，并每页打印6张水平放置的幻灯片，打印颜色为灰度，如图10-33所示。

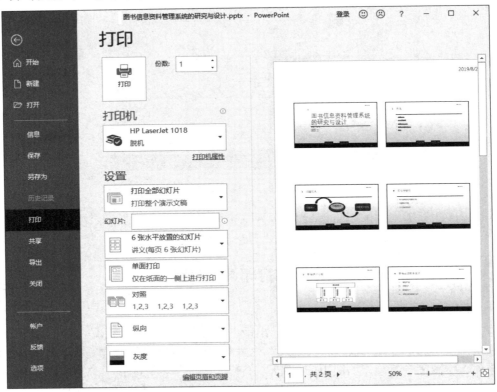

图10-33　设置"打印"选项

【说明】（1）在如图10-31所示的对话框中，一般选择放映全部幻灯片，也可以选择放映部分幻灯片。如果设置了自定义放映（在"幻灯片放映"选项卡的"开始放映幻灯片"组中，单击"自定义幻灯片放映"下拉按钮，在打开的下拉列表中选择"自定义放映"选项），那么也可以选择只放映自定义部分幻灯片。

（2）如果不想放映某张（或某些）幻灯片，又不想删除某张（或某些）幻灯片，那么可以将其隐藏在"幻灯片放映"选项卡的"设置"组中，单击"隐藏幻灯片"按钮。

（3）在放映幻灯片时，右击任意位置，在弹出的快捷菜单中先选择"指针选项"命令，再选择某种绘图笔，即可在幻灯片中写字、画线或绘图。

（4）在如图10-33所示的窗口中，可以选择打印内容为整页幻灯片、备注页、大纲、讲义等。为了节约纸张，可以选择打印内容为讲义，并设置每页打印的幻灯片的张数和顺序（水平或垂直）。

10.5　总结与提高

本项目介绍了如何使用 PowerPoint 2019 制作幻灯片，插入超链接和动作按钮，设置页眉和页脚、动画效果、主题，设置放映方式和打印演示文稿方面的相关知识。

如果幻灯片的数量和内容较多，那么应该为其设置目录，起到预览核心内容和导读的作用。可以通过插入超链接和动作按钮，实现幻灯片之间的跳转。

为幻灯片中的文本、图形、表格和其他对象添加动画效果，可以突出重点、控制信息流，并增加演示文稿的趣味性，从而给观众留下深刻的印象。设置动画效果有时可以起到画龙点睛的作用。动画效果包括幻灯片之间的切换效果和幻灯片内部的自定义动画效果。

可以使用"主题"组，快速美化和统一所有幻灯片的风格。PowerPoint 2019 内置的主题库中提供了大量的主题，用户可以根据需要选择其中的某个主题来快速美化幻灯片。

为了节约纸张，可以选择打印内容为讲义，并设置每页打印的幻灯片的张数和顺序（水平或垂直）。

总之，演示文稿的设计是一门学问，好的演示文稿可以使内容介绍更有重点，更容易让人接受。

使用 PowerPoint 2019 制作演示文稿的基本过程如下。

（1）搜集相关素材，并对素材进行筛选和提炼。

（2）制作静态幻灯片，除了可以添加文本，还可以添加图形、图片等多媒体元素，达到图文并茂、形象生动的效果。

（3）插入超链接或动作按钮，以便在幻灯片之间跳转。

（4）设置动画效果，包括幻灯片之间的切换效果和幻灯片内部的自定义动画效果。

（5）设置合适的放映方式，在需要时还可以打印幻灯片。

10.6　拓展知识：华为鸿蒙操作系统

华为鸿蒙操作系统是华为开发的一款基于微内核、投入 4000 多名研发人员、面向 5G 物联网、面向全场景的分布式操作系统。鸿蒙的英文名是 HarmonyOS，意为"和谐"。它不是 Android 的分支或由其修改而来的，而是与 Android、iOS 不一样的操作系统。华为鸿蒙操作系统把手机、计算机、电视、工业自动化控制、无人驾驶、智能穿戴设备等统一成一个操作系统，并且该操作系统是面向下一代技术设计的，能兼容全部 Android 的 Web 应用。华为鸿蒙操作系统架构中的内核会把之前的 Linux 内核、鸿蒙微内核与 LiteOS 合并为一个鸿蒙操作系统微内核，创造一个超级虚拟终端互联的世界，将人、设备、场景有机联系在一起。同时，由于鸿蒙微内核的代码量只有 Linux 内核的千分之一，因此其受攻击的概率大幅度降低。

2023 年 8 月，华为鸿蒙 4.0 发布。华为鸿蒙操作系统宣告问世，在全球引起热烈的反响。它的诞生将拉开永久性改变操作系统全球格局的序幕。

10.7 习题

一、选择题

1. PowerPoint 2019 是一款_____软件。

    A．文字处理   B．电子表格   C．演示文稿   D．系统

2. PowerPoint 2019 属于_____。

    A．高级语言   B．操作系统   C．语言处理软件   D．应用软件

3. PowerPoint 2019 运行的平台是_____。

    A．Windows   B．UNIX   C．Linux   D．DOS

4. 以下对 PowerPoint 2019 的主要功能的叙述不正确的是_____。

    A．课堂教学   B．学术报告   C．产品介绍   D．休闲娱乐

5. PowerPoint 2019 演示文稿的默认扩展名是_____。

    A．.pptx   B．.potx   C．.dotx   D．.ppzx

6. _____指一种带有虚线或阴影线边缘的框，绝大多数版式中都有这种框。在这些框内可以放置标题及正文，也可以放置图表、表格和图片等对象。

    A．由"绘图"组中"矩形"选项绘制的矩形

    B．由"绘图"组中"文本框"选项绘制的文本框

    C．窗格

    D．占位符

7. _____是定义演示文稿中所有幻灯片或页面格式的阅读视图或页面。

    A．模板   B．母版

    C．版式   D．窗格

8. 在 PowerPoint 2019 中，"视图"这个名词表示_____。

    A．图形   B．显示幻灯片的方式

    C．编辑演示文稿的方式   D．正在修改的幻灯片

9. PowerPoint 2019 中默认的视图是_____。

    A．大纲视图   B．幻灯片浏览视图

    C．普通视图   D．阅读视图

10. 在 PowerPoint 2019 的大纲视图中，不可以_____。

    A．插入幻灯片   B．删除幻灯片

    C．移动幻灯片   D．添加文本框

二、实践操作题

1．打开素材库中的"大熊猫.pptx"文件，按下面的要求进行操作，并把操作结果存盘。

（1）在末尾添加一张幻灯片，设置其版式为"标题幻灯片"，在"标题"占位符中输入"The End"。

（2）设置页脚，使除标题幻灯片外，所有幻灯片（第2张至第6张幻灯片）的页脚均为"国宝大熊猫"。

（3）设置文字"作息制度"所在幻灯片中的表格的动画的进入效果为"擦除""自右侧"。

（4）设置文字"活动范围"所在幻灯片中的文字"因此活动量也相应减少"降低到下一个标题级别。

（5）设置文字"大熊猫现代分布区"所在幻灯片中的文本的行距为1.2行。

2．打开素材库中的"自我介绍.pptx"文件，按下面的要求进行操作，并把操作结果存盘。

（1）隐藏最后一张幻灯片。

（2）将第1张幻灯片的背景纹理设置为"绿色大理石"。

（3）删除第3张幻灯片中所有一级文本的项目符号。

（4）删除第2张幻灯片中的文本（非标题）原来设置的动画效果，重新设置动画的进入效果为"缩放"，并且比图片先出现。

（5）为第3张幻灯片中的图片插入超链接，将其链接到第1张幻灯片。

3．打开素材库中的"数据通信技术和网络.pptx"文件，按下面的操作要求进行操作，并把操作结果存盘。

（1）在第1张幻灯片的"标题"占位符中输入"数据通信技术和网络"，设置其字体为"隶书"，字号默认保持不变。

（2）为每张幻灯片插入日期和时间，并设置自动更新日期和时间。

（3）将第2张幻灯片的版式设置为"竖排标题与文本"、背景设置为"鱼类化石"纹理效果。

（4）为第3张幻灯片中的剪贴画插入超链接，将其链接到上一张幻灯片。

（5）将演示文稿的主题设置为"画廊"，并将其应用于所有幻灯片。

项目11

学院简介演示文稿制作

本项目将以"学院简介演示文稿制作"为例，介绍如何在 PowerPoint 2019 中使用文字、图形、图片、图表、表格、SmartArt 图形等设置母版、插入超链接和动作按钮、插入日期和幻灯片编号、设置动画效果方面的相关知识。

11.1　项目导入

随着高考的临近，一年一度的学院招生工作又要开始了。近几年来，学院的师资力量、实训条件、教学质量等有了明显的提高，招生规模也在不断扩大，为了进一步加强招生宣传工作的力度，在印制大量招生宣传资料的同时，招生办公室的王老师接到了另一项工作，即制作学院简介演示文稿，主要介绍学院概况、院系设置、办学条件、办学理念、办学特色、近5年招生人数、招生计划，以及校企合作等内容。

王老师开始收集相关素材。基于对演示文稿的制作不够熟练，在制作过程中王老师遇到了以下几个问题。

（1）如何使每张幻灯片具有统一的风格，使用相同的背景图片，并为幻灯片添加背景音乐？

（2）如何使用组织结构图、图表、表格等制作图文并茂的幻灯片，以增强幻灯片的表现力？

（3）如何插入超链接和动作按钮，以提高幻灯片的交互性？

（4）如何为每张幻灯片插入日期、时间和幻灯片编号？

（5）如何设置幻灯片之间的切换效果和幻灯片内部的自定义动画效果，以使幻灯片的播放效果更好？

在张老师的帮助下，王老师终于解决了以上几个问题，下面是他的解决方法。

11.2　项目分析

根据学院简介演示文稿的主要内容，为每张幻灯片选择合适的版式，在每张幻灯片中添加文字、图形、图片、组织结构图、图表、表格等对象。其中，第 1 张幻灯片是标题幻灯片，主要包括学院名称和背景音乐；第 2 张幻灯片是"学院概况"幻灯片，使用文字来介绍学院的基本情况，并添加学院的相关图片；第 3 张幻灯片是"院系设置"幻灯片，由于该幻灯片用来介绍层次结构，因此可以使用组织结构图来说明；第 4 张幻灯片是"办学的有利条件"幻灯片，除了可以使用文字来主要说明，还可以使用图片加以辅助说明；第 5 张幻灯片是"学院的办学理念"幻灯片，为了突出办学理念，可以使用基本维恩图来说明；第 6 张幻灯片是"办学特色日益鲜明"幻灯片，可以使用各种图形来说明；第 7 张幻灯片是"学院最近 5 年的招生人数"幻灯片，可以使用图表（三维簇状柱形图）来说明；第 8 张幻灯片是"2023 年招生计划"幻灯片，可以使用表格来说明；第 9 张幻灯片是"校企合作"幻灯片，可以使用图片来说明。

为了使所有幻灯片具有统一的风格，可以在幻灯片母版中设置好幻灯片标题的格式、背景图片等，这是因为幻灯片母版中设置的格式、背景图片等会自动应用于每张相关幻灯片。

制作好各张幻灯片后，为了在第 6 张和第 9 张幻灯片之间实现跳转，可以在第 6 张幻灯片中插入超链接，将其链接到第 9 张幻灯片；在第 9 张幻灯片中插入动作按钮，将其返回到第 6 张幻灯片中。

在页眉和页脚中，可以添加日期、时间和幻灯片编号等。为了使演示文稿更加生动活泼、形象逼真，获得最佳演示效果，还应设置幻灯片的动画效果。设置所有幻灯片的切换效果均为推入，为第 6 张幻灯片自定义动画效果，设置相关图形为自动切入效果和触发切入/切出效果。

由以上分析可知，学院简介演示文稿制作可以分为 5 个任务，即设置母版、制作幻灯片、插入超链接和动作按钮、插入日期、时间和幻灯片编号、设置动画效果。

学院简介演示文稿制作的操作流程图如图 11-1 所示，完成效果如图 11-2 所示。

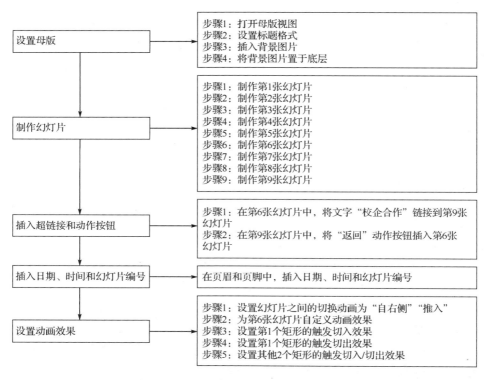

图 11-1　学院简介演示文稿制作的操作流程

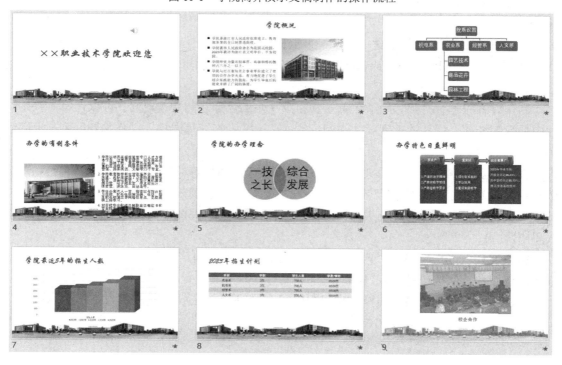

图 11-2　完成效果

11.3 相关知识点

1. 幻灯片母版

幻灯片母版用于设置幻灯片的样式，可供用户设置各种标题、背景、属性等，只需更改一项内容就可以更改对所有幻灯片的设置。一个完整且专业的演示文稿，需要统一幻灯片中的背景、配色等，可以通过演示文稿的母版、模板或主题进行设置。

在演示文稿的设计中，除每张幻灯片的制作外，关键、重要的就是母版的设计，这是因为母版决定了演示文稿的风格，甚至可以说母版是自定义主题的前提。PowerPoint 2019 提供了幻灯片母版、讲义母版、备注母版 3 种母版。

幻灯片母版处于幻灯片层次结构的顶层，用于存储有关演示文稿的主题和幻灯片版式的信息，包括前景、颜色、字体、效果、占位符的位置和大小等。

讲义母版用于为讲义设置统一的格式。在讲义母版中进行设置后，可以在一张纸上打印出多张幻灯片，供会议使用。

备注母版用于为演示文稿的备注页设置统一的格式。要在打印演示文稿时一同打印备注，可以使用"打印备注页"功能。例如，要在所有备注页中放置公司徽标或其他艺术图案，应将其添加到备注母版中。

2. 幻灯片模板

幻灯片模板即已定义的幻灯片格式。幻灯片模板指主题和用于特定用途（销售演示文稿、商业计划或课堂课程等）的一些内容。因此，幻灯片模板具有协同工作的设计元素（颜色、字体、背景、效果等）和增强的用于讲述故事的样板内容。可以创建、存储、重复使用及与他人共享自定义的幻灯片模板。

幻灯片母版设置完成后，只能在一个演示文稿中应用。如果想得到更多的应用，那么可以把幻灯片母版的设置保存为幻灯片模板。幻灯片模板中包含版式、主题、背景样式等。可以在Office 网站及其他合作伙伴网站上找到可应用于演示文稿的多种不同类型的演示文稿免费模板。

3. 图表和表格

图表是演示文稿的重要组成内容，包括柱形图、折线图、饼图等。在演示文稿中插入图表，不仅可以快速、直观地观看数值或数据，而且可以使用图表转换表格数据来展示比较、模式和趋势，给观众留下深刻的印象。

成功的图表都具有以下几项关键要素：每个图表都传达一个明确的信息；图表与标题相辅相成；格式简单明了，且前后连贯；少而精和清晰易读。

4. SmartArt 图形

SmartArt 图形是将文字转换或制作成易于表达文字的各种图形或图表。SmartArt 图形是信息和观点的可视化表示形式，而图表是数值的可视化表现形式。一般来说，SmartArt 图形是为文本设计的，而图表是为数值设计的。

在创建 SmartArt 图形时，系统将提示选择一种 SmartArt 图形的类型。例如，"流程""层次结构""循环""关系"等，每种类型包含几种不同的布局。

"选择 SmartArt 图形"对话框中显示了所有可用的布局，这些布局分为 8 种不同的类型，即"列表""流程""循环""层次结构""关系""矩阵""棱锥图""图片"。每种布局都提供了一种表达内容及所传达信息的方法。一些布局只是使项目符号列表更加精美，而另一些布局则适合展现特定类型的信息。

5. 触发器

在 PowerPoint 2019 中，触发器是一种重要的工具。触发器指通过设置可以在单击指定对象时播放动画。在幻灯片中只要包含动画效果、电影或声音，就可以为其设置触发器。使用触发器可以实现用户之间的双向互动。一旦某个对象被设置为触发器，单击其后就会触发一个或一系列动作，该触发器下的所有对象都将能根据预先设置的动画效果开始运动，且设置好的触发器可以多次重复使用。

11.4 项目实施

扫一扫

微课：设置母版

11.4.1 任务 1：设置母版

母版用于统一幻灯片的风格，可以在母版中设置标题格式、背景图片等。

步骤 1：启动 PowerPoint 2019，在"视图"选项卡中，单击"母版视图"组中的"幻灯片母版"按钮，打开母版视图。

步骤 2：在左侧窗格中选择第 1 个母版（Office 主题 幻灯片母版），并选择右侧窗格中的标题"单击此处编辑母版标题样式"，在"开始"选项卡中设置其格式为"华文行楷""44磅""红色"。

步骤 3：在"插入"选项卡中，单击"图像"组中的"图片"按钮，打开"插入图片"对话框，找到并选择素材库中的"背景.jpg"文件，单击"插入"按钮，如图 11-3 所示。

图 11-3 "插入图片"对话框

步骤 4：移动背景图片至幻灯片母版底部，并调整其大小与幻灯片母版的宽度一致，右击该背景图片，在弹出的快捷菜单中选择"置于底层"→"置于底层"命令，如图 11-4 所示。

图 11-4　将背景图片置于底层

步骤 5：在"幻灯片母版"选项卡中，单击"关闭"组中的"关闭母版视图"按钮，关闭母版视图。

11.4.2　任务 2：制作幻灯片

通过选择合适的版式，使用文字、图形、图片、组织结构图、图表、表格等对象制作出图文并茂的 9 张幻灯片，它们分别是标题幻灯片、"学院概况"幻灯片、"院系设置"幻灯片、"办学的有利条件"幻灯片、"学院的办学理念"幻灯片、"办学特色日益鲜明"幻灯片、"学院最近 5 年的招生人数"幻灯片、"2023 年招生计划"幻灯片和"校企合作"幻灯片。

扫一扫

微课：制作第 1～5 张幻灯片

1．制作第 1 张幻灯片

步骤 1：在第 1 张幻灯片中，删除"副标题"占位符，在"标题"占位符中输入"××职业技术学院欢迎您"。选择该标题，单击"字体"组中的"文字阴影"按钮。

步骤 2：在"插入"选项卡中，单击"媒体"组中的"音频"下拉按钮，在打开的下拉列表中选择"PC 上的音频"选项，打开"插入音频"对话框，找到并选择素材库中的"背景音乐.mp3"文件，单击"插入"按钮。

步骤 3：在"音频工具/播放"选项卡中，单击"音频选项"组中的"开始"下拉按钮，在打开的下拉列表中选择"自动"选项，并分别勾选"放映时隐藏""循环播放，直到停止""播放完毕返回开头"复选框，如图 11-5 所示。

步骤 4：拖动"喇叭"图标至第 1 张幻灯片的右上角，效果如图 11-6 所示。

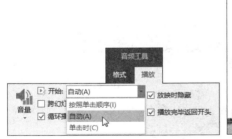

图 11-5　"音频工具/播放"选项卡　　　　图 11-6　第 1 张幻灯片的效果

2. 制作第 2 张幻灯片

步骤 1：在"开始"选项卡中，单击"幻灯片"组中的"新建幻灯片"下拉按钮，在打开的下拉列表中选择"Office 主题"区域的"两栏内容"选项，插入幻灯片，在"标题"占位符中，输入"学院概况"。

步骤 2：在左侧的"内容"占位符中输入有关学院概况的文字，选择刚输入的所有文字，设置字号为 20 磅。单击"段落"组中的"项目符号"下拉按钮，在打开的下拉列表中选择第 1 行第 3 列的项目符号（实心正方形），如图 11-7 所示。

步骤 3：在右侧的"内容"占位符中，单击"图片"按钮，打开"插入图片"对话框，找到并选择素材库中的"办公楼.jpg"文件，单击"插入"按钮，适当调整图片的位置和大小，效果如图 11-8 所示。

图 11-7　选择项目符号　　　　图 11-8　第 2 张幻灯片的效果

3. 制作第 3 张幻灯片

步骤 1：在"开始"选项卡中，单击"幻灯片"组中的"新建幻灯片"下拉按钮，在打开的下拉列表中选择"Office 主题"区域的"空白"选项，插入幻灯片。

步骤 2：在"插入"选项卡中，单击"插图"组中的"SmartArt"按钮，打开"选择 SmartArt 图形"对话框，在左侧窗格中选择"层次结构"选项，在中间窗格中选择第 1 行第 1 列的图形（组织结构图），单击"确定"按钮，如图 11-9 所示。插入的组织结构图如图 11-10 所示。

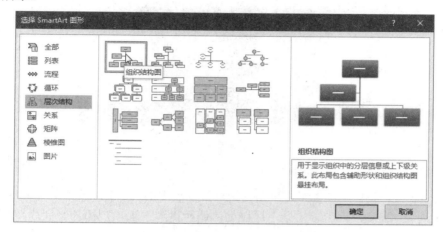

图 11-9 "选择 SmartArt 图形"对话框

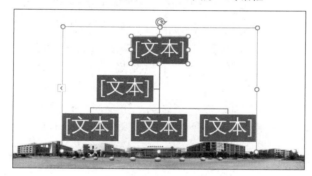

图 11-10 插入的组织结构图

步骤 3：在组织结构图的第一个图形块中输入"院系设置"，删除第二个图形块，在下面的 3 个图形块中分别输入"机电系""农业系""经管系"。

步骤 4：右击"经管系"图形块，在弹出的快捷菜单中选择"添加形状"→"在后面添加形状"命令，此时在"经管系"图形块右侧添加了一个空白图形块。右击该图形块，在弹出的快捷菜单中选择"编辑文字"命令，在该图形块中输入"人文系"。

步骤 5：右击"农业系"图形块，在弹出的快捷菜单中选择"添加形状"→"在下方添加形状"命令，此时在"农业系"图形块下方添加了一个空白图形块。右击该图形块，在弹出的快捷菜单中选择"编辑文字"命令，在该图形块中输入"园艺技术"。

步骤 6：参照上面的步骤 5，在"农业系"图形块下方依次添加"商品花卉"图形块和"园林工程"图形块。

步骤 7：按住 Ctrl 键的同时选择所有图形块并右击，在弹出的快捷菜单中选择"更改形状"→"矩形"→"圆角"命令，即可更改所有图形块的形状为圆角矩形，效果如图 11-11 所示。

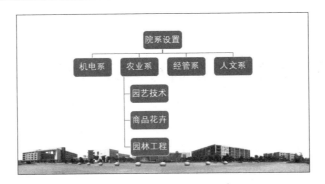

图 11-11　第 3 张幻灯片的效果

4. 制作第 4 张幻灯片

步骤 1：在"开始"选项卡中，单击"幻灯片"组中的"新建幻灯片"下拉按钮，在打开的下拉列表中选择"Office 主题"区域的"两栏内容"选项，插入幻灯片，在"标题"占位符中，输入"办学的有利条件"。

步骤 2：在左侧的"内容"占位符中，单击"图片"按钮，打开"插入图片"对话框，找到并选择素材库中的"图书馆.jpg"文件，单击"插入"按钮，适当调整图片的位置和大小。

步骤 3：在右侧的"内容"占位符中输入有关学院办学的有利条件的文字，选择刚输入的所有文字，单击"段落"组中的"编号"下拉按钮，在打开的下拉列表中选择第 1 行第 2 列的编号，如图 11-12 所示。

步骤 4：在"视图"选项卡中，勾选"显示"组中的"标尺"复选框，选择所有文字，适当向左拖动水平标尺中的"悬挂缩进"滑块，效果如图 11-13 所示。

图 11-12　选择编号

图 11-13　第 4 张幻灯片的效果

5. 制作第 5 张幻灯片

步骤 1：在"开始"选项卡中，单击"幻灯片"组中的"新建幻灯片"下拉按钮，在打开的下拉列表中选择"Office 主题"区域的"标题和内容"选项，插入幻灯片，在"标题"占位符中，输入"学院的办学理念"。

步骤 2：在"内容"占位符中，单击"插入 SmartArt 图形"按钮，打开"选择 SmartArt 图形"对话框，在左侧窗格中选择"关系"选项，在中间窗格中选择"基本维恩图"选项，单击"确定"按钮，即可在幻灯片中插入一个基本维恩图。

步骤 3：在基本维恩图中，删除其中的一个圆形图块，在另外两个圆形图块中分别输入文字"一技之长"和"综合发展"，适当调整两个圆形图块的位置和大小，效果如图 11-14 所示。

图 11-14　第 5 张幻灯片的效果

6. 制作第 6 张幻灯片

步骤 1：在"开始"选项卡中，单击"幻灯片"组中的"新建幻灯片"下拉按钮，在打开的下拉列表中选择"Office 主题"区域的"仅标题"选项，插入幻灯片，在"标题"占位符中，输入"办学特色日益鲜明"。

步骤 2：选择"绘图"组的列表框中的"圆角矩形"选项，在幻灯片中合适的位置画一个圆角矩形，右击该圆角矩形，在弹出的快捷菜单中选择"大小和位置"命令，打开"设置形状格式"窗格，设置其"高度"为"2 厘米"，"宽度"为"5 厘米"，如图 11-15 所示。

微课：制作第
6～9 张幻灯片

图 11-15　设置圆角矩形的大小

步骤 3：在"设置形状格式"窗格中，选择"填充线条"选项卡，展开"线条"选项，选中"无线条"单选按钮。

步骤 4：展开"填充"选项，选中"渐变填充"单选按钮，并选择"预设渐变"为"中等渐变-个性色 5"（第 3 行第 5 列），设置完成后关闭"设置形状格式"窗格。

步骤 5：选择"绘图"组的列表框中的"等腰三角形"选项，在圆角矩形右侧画 1 个等腰三角形，选择该等腰三角形，单击"绘图"组中的"排列"下拉按钮，在打开的下拉列表中选择"旋转"→"垂直翻转"选项。

步骤 6：按住 Ctrl 键的同时选择等腰三角形和圆角矩形并右击，在弹出的快捷菜单中选择"组合"→"组合"命令，使等腰三角形和圆角矩形组合成一个整体（以下简称"组合图形"）。

步骤 7：适当调整组合图形的位置，并复制出 2 个组合图形（共 3 个），使这 3 个组合图形水平等间距排列。

步骤 8：选择"绘图"组的列表框中的"右箭头"选项，在合适的位置画 1 个右箭头，并设置它的"高度"为"1 厘米"，"宽度"为"2 厘米"，"填充颜色"为"浅绿"。

步骤 9：复制出 1 个右箭头，把这 2 个右箭头拖动到 3 个组合图形之间。适当调整 5 个图形的位置。

步骤 10：选择"绘图"组的列表框中的"矩形"选项，在第一个组合图形下方画 1 个矩形，并设置它的"高度"为"8 厘米"，"宽度"为"5.5 厘米"，"填充颜色"为"蓝色"。

步骤 11：复制出 2 个相同的矩形，把这 3 个矩形放到 3 个组合图形下方。

步骤 12：单击第 1 个组合图形，当该组合图形四周出现 8 个白色的控制柄时，再次单击该组合图形，当该组合图形四周再次出现 8 个白色的控制柄时，右击，在弹出的快捷菜单中选择"编辑文字"命令，输入"要求严"。使用相同的方法，在其他 2 个组合图形中分别输入"重实践"和"就业范围广"，在 3 个矩形中添加要求的文字，效果如图 11-16 所示。

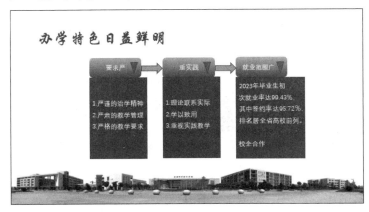

图 11-16　第 6 张幻灯片的效果

7．制作第 7 张幻灯片

步骤 1：在"开始"选项卡中，单击"幻灯片"组中的"新建幻灯片"下拉按钮，在打开的下拉列表中选择"Office 主题"区域的"标题和内容"选项，插入幻灯片，在"标题"

占位符中，输入"学院最近 5 年的招生人数"。

步骤 2：在"内容"占位符中，单击"插入图表"按钮■■，打开"插入图表"对话框，在左侧窗格中选择"柱形图"选项，在右侧窗格中选择"三维簇状柱形图"选项，单击"确定"按钮，如图 11-17 所示。此时，在打开的窗口中，输入如图 11-18 所示的数据。

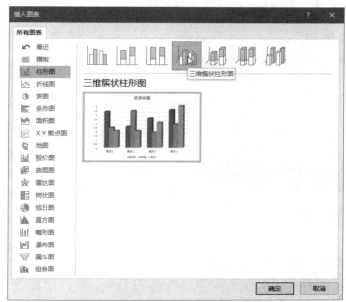

	A	B	C	D	E	F
1		2019年	2020年	2021年	2022年	2023年
2	招生人数	1900	2000	2200	2400	2700
3						
4						

图 11-17 "插入图表"对话框   图 11-18 输入的数据

步骤 3：删除三维簇状柱形图中的图表标题，效果如图 11-19 所示。

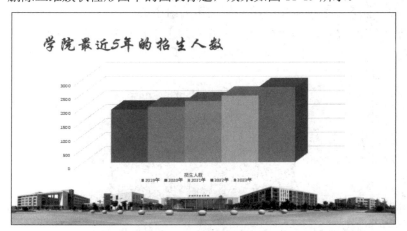

图 11-19 第 7 张幻灯片的效果

8. 制作第 8 张幻灯片

步骤 1：在"开始"选项卡中，单击"幻灯片"组中的"新建幻灯片"下拉按钮，在打开的下拉列表中选择"Office 主题"区域的"标题和内容"选项，插入幻灯片，在"标题"

占位符中，输入"2023 年招生计划"。

步骤 2：在"内容"占位符中，单击"插入表格"按钮，打开"插入表格"对话框，设置表格的"列数"为"4"，"行数"为"5"，单击"确定"按钮，即可插入一个 5 行 4 列的表格。输入数据，并设置表格中的数据居中，效果如图 11-20 所示。

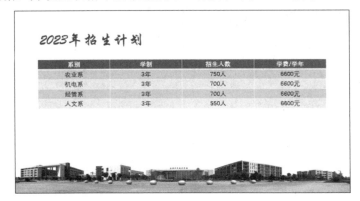

图 11-20 第 8 张幻灯片的效果

9. 制作第 9 张幻灯片

步骤 1：在"开始"选项卡中，单击"幻灯片"组中的"新建幻灯片"下拉按钮，在打开的下拉列表中选择"Office 主题"区域的"空白"选项，插入幻灯片。

步骤 2：在"插入"选项卡中，单击"图像"组中的"图片"按钮，打开"插入图片"对话框，找到并选择素材库中的"校企合作.jpg"文件，单击"插入"按钮，适当调整图片的位置和大小。

步骤 3：在"插入"选项卡中，单击"文本"组中的"文本框"下拉按钮，在打开的下拉列表中选择"绘制横排文本框"选项，在图片下方拖动鼠标画一个横排文本框，并在其中输入"校企合作"，设置其格式为"28 磅""加粗"，效果如图 11-21 所示。

图 11-21 第 9 张幻灯片的效果

步骤 4：在"幻灯片放映"选项卡中，单击"设置"组中的"隐藏幻灯片"按钮，隐藏第 9 张幻灯片（放映幻灯片时不播放该幻灯片）。

11.4.3　任务 3：插入超链接和动作按钮

扫一扫

微课：插入超链接和动作按钮

下面插入超链接和动作按钮。

步骤 1：在第 6 张幻灯片中，选择第 3 个矩形中的文字"校企合作"，在"插入"选项卡中，单击"链接"组中的"链接"按钮🌐，打开"插入超链接"对话框，在左侧的"链接到"区域中选择"本文档中的位置"选项，在中间的"请选择文档中的位置"列表框中选择"（9）幻灯片 9"选项，单击"确定"按钮，如图 11-22 所示。

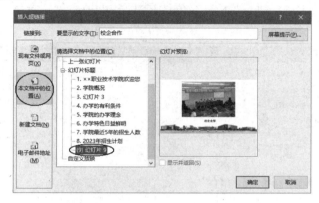

图 11-22　"插入超链接"对话框

步骤 2：选择第 9 张幻灯片，在"插入"选项卡中，单击"插图"组中的"形状"下拉按钮，在打开的下拉列表中选择"动作按钮"区域的最后一个动作按钮，在图片右下角拖动鼠标，画一个大小合适的按钮。

在打开的"操作设置"对话框中，选中"超链接到"单选按钮，并单击其右下方的下拉按钮，在打开的下拉列表中选择"幻灯片…"选项，如图 11-23 所示。

在打开的"超链接到幻灯片"对话框中，选择"6.办学特色日益鲜明"选项，单击"确定"按钮，如图 11-24 所示。返回到"操作设置"对话框，单击"确定"按钮。

图 11-23　"操作设置"对话框

图 11-24　"超链接到幻灯片"对话框

右击刚插入的动作按钮，在弹出的快捷菜单中选择"编辑文字"命令，输入"返回"。

11.4.4 任务4：插入日期、时间和幻灯片编号

扫一扫

微课：插入日期、
时间和幻灯片编号

在页眉和页脚中，可以插入日期、时间和幻灯片编号等，可以自动更新为当前日期。

在"插入"选项卡中，单击"文本"组中的"页眉和页脚"按钮，打开"页眉和页脚"对话框，勾选"日期和时间"复选框和"幻灯片编号"复选框，并选中"自动更新"单选按钮，单击"全部应用"按钮，如图11-25所示。

图11-25 "页眉和页脚"对话框

11.4.5 任务5：设置动画效果

扫一扫

微课：设置动画
效果

在PowerPoint 2019中，动画效果分为幻灯片之间的切换动画和幻灯片内部的自定义动画。下面先设置幻灯片之间的切换动画，再设置幻灯片内部的自定义动画。

步骤1：在"切换"选项卡中，选择"切换到此幻灯片"组的列表框中的"推入"选项，在"效果选项"下拉列表中选择"自右侧"选项，在"计时"组的"声音"下拉列表中选择"照相机"选项，单击"应用到全部"按钮，即把所有幻灯片的切换效果都设置为"推入"。

步骤2：在第6张幻灯片中，选择第1个组合图形，在"动画"选项卡中，单击"高级动画"组中的"添加动画"下拉按钮，在打开的下拉列表中选择"更多进入效果"选项，打开"添加进入效果"对话框，在"基本"区域中选择"切入"选项，单击"确定"按钮，如图11-26所示。

单击"动画"组中的"效果选项"下拉按钮，在打开的下拉列表的"方向"区域选择"自

左侧"选项；单击"计时"组中的"开始"下拉按钮，在打开的下拉列表中选择"上一动画之后"选项。

使用"动画刷"按钮，把第 1 个组合图形的动画效果复制到后面的右箭头和组合图形上。

步骤 3：选择第 1 个矩形，在"动画"选项卡中，单击"高级动画"组中的"添加动画"下拉按钮★，在打开的下拉列表中选择"更多进入效果"选项，打开"添加进入效果"对话框，在"基本"区域中选择"切入"选项，单击"确定"按钮。

单击"动画"组中的"效果选项"下拉按钮，在打开的下拉列表的"方向"区域中选择"自顶部"选项；单击"计时"组中的"开始"下拉按钮，在打开的下拉列表中选择"单击时"选项。

单击"高级动画"组中的"触发"下拉按钮，在打开的下拉列表中选择"通过单击"→"组合 8"选项（对应第 1 个组合图形），如图 11-27 所示。

图 11-26　"添加进入效果"对话框　　　　　图 11-27　选择"组合 8"选项

【说明】　在实际操作时，由于操作顺序不同，虽然第 1 个组合图形的名称可能不是"组合 8"，但是其名称一定是"组合 X"的形式。

步骤 4：选择第 1 个矩形，在"动画"选项卡中，单击"高级动画"组中的"添加动画"下拉按钮★，在打开的下拉列表中选择"更多退出效果"选项，打开"添加退出效果"对话框，在"基本"区域中选择"切出"选项，单击"确定"按钮。

单击"动画"组中的"效果选项"下拉按钮，在打开的下拉列表的"方向"区域中选择"到顶部"选项；单击"计时"组中的"开始"下拉按钮，在打开的下拉列表中选择"单击时"选项。

单击"高级动画"组中的"触发"下拉按钮，在打开的下拉列表中选择"通过单击"→"组合 8"选项（对应第 1 个组合图形）。

步骤 5：选择第 2 个矩形，重复以上步骤 5～步骤 10，设置触发条件为"通过单击'组合 9'"（对应第 2 个组合图形）。

选择第 3 个矩形，重复以上步骤 5～步骤 10，设置触发条件为"通过单击'组合 12'"（对应第 3 个组合图形）。

此时，单击"高级动画"组中的"动画窗格"按钮，打开"动画窗格"窗格，如图 11-28 所示。

在"幻灯片放映"选项卡中，单击"开始放映幻灯片"组中的"从头开始"按钮，观看幻灯片的播放效果。

图 11-28　"动画窗格"窗格

11.5　总结与提高

本项目介绍了如何在 PowerPoint 2019 中使用文字、图形、图片、图表、表格、SmartArt 图形等设置母版、插入超链接和动作按钮、插入日期和幻灯片编号、设置动画效果方面的相关知识。

在制作幻灯片时，根据幻灯片中要放置的内容，选择合适的版式可以起到事半功倍的效果。

在演示文稿的设计中，除每张幻灯片的制作外，关键、重要的就是母版的设计，这是因为母版决定了演示文稿的风格，甚至可以说母版是自定义主题的前提。PowerPoint 2019 提供了幻灯片母版、讲义母版、备注母版 3 种母版。

SmartArt 图形是信息和观点的可视化表示形式，而图表是数值的可视化表现形式。一般来说，SmartArt 图形是为文本设计的，而图表是为数值设计的。在制作"列表""组织结构图""流程图""关系图"等时使用 SmartArt 图形特别方便。

使用触发器可以实现用户之间的双向互动。一旦某个对象被设置为触发器，单击其后就会触发一个或一系列动作，该触发器下的所有对象都将能根据预先设置的动画效果开始运动，且设置好的触发器可以多次重复使用。

11.6　拓展知识：量子计算机

诺贝尔奖获得者理查德·费曼在 1981 年提出了量子计算机构想。目前，量子计算已被认为可能是下一代信息革命的关键技术，可以通过特定算法产生超越传统计算机的算力，解决重大经济社会问题。研制量子计算机成为世界科技前沿的一个重大挑战。

2020 年 12 月，中国科学技术大学宣布该校潘建伟等人成功构建了 76 个光子的量子计算原型机"九章"，这一突破使我国成为全球第二个（第一个为谷歌的 Sycamore）实现量子优越性的国家。在构建"九章"后不到一年，又成功构建了 113 个光子的升级版"九章二号"，刷新了国际光子操纵的技术水平，其处理特定问题比当时全球最快的超级计算机快 10^{24} 倍。2021 年 10 月，中国科学技术大学发布超导量子计算机"祖冲之二号"。这一系列令人瞩目的成果标志着我国成为世界上唯一在超导和光子两个"赛道"上达到量子优越性里程碑的国家。"九章二号"和"祖冲之二号"的诞生，像一对双子星照亮了量子应用更广阔的前程。

2023 年 10 月，成功构建了 255 个光子的"九章三号"，再次刷新了光子信息技术水平和量子优越性世界纪录。根据公开发表的最优算法，"九章三号"处理高斯玻色取样的速度比"九章二号"提升了一百万倍，比目前全球最快的超级计算机快一亿亿倍。

11.7 习题

一、选择题

1. 在编辑演示文稿时，要在幻灯片中插入表格、剪贴画或照片等，应在_____中进行。

    A．备注页视图　　　　　　　　　　B．幻灯片浏览视图

    C．幻灯片窗格　　　　　　　　　　D．大纲视图

2. 在 PowerPoint 中可以对幻灯片进行移动、删除、添加、复制、设置切换效果，但不可以编辑幻灯片具体内容的是_____。

    A．普通视图　　　　　　　　　　　B．幻灯片浏览视图

    C．幻灯片窗格　　　　　　　　　　D．大纲视图

3. PowerPoint 2019 文档不可以保存为_____文件。

    A．演示文稿　　　　B．文稿模板　　　　C．PDF　　　　　　D．纯文本

4. 以下有关 PowerPoint 2019 演示文稿的说法正确的是_____。

    A．演示文稿中可以嵌入 Excel 2019 工作表

    B．可以将 PowerPoint 2019 文档保存为 PDF 文件

    C．可以把 A.pptx 文件插入到 B.pptx 文件中

    D．以上说法均正确

5. 在 PowerPoint 2019 中，_____说法是不正确的。

    A．可以在演示文稿中插入图表

    B．可以将 Excel 2019 工作表直接插入到幻灯片中

    C．可以在幻灯片浏览视图中对演示文稿进行幻灯片的移动或复制

    D．演示文稿不能被保存为在"资源管理器"窗口中直接放映的文件

6. PowerPoint 2019 中提供安全性方面的功能，可以_____。

    A．清除引导扇区/分区表病毒　　　B．清除感染可执行文件的病毒

    C．清除任何类型的病毒　　　　　　D．防止宏病毒

7. 在 PowerPoint 2019 中建立的文件，不能使用 Windows 2019 中的记事本打开，这是因为_____。

    A．文件以.pptx 为扩展名

    B．文件中含有汉字

C．文件中含有特殊控制符

D．文件中的西文有全角和半角之分

8．幻灯片的主题不包括_____。

    A．主题动画   B．主题颜色   C．主题效果   D．主题字体

9．要将演示文稿使用 Adobe Reader 打开，文件的保存类型应为_____。

    A．演示文稿   B．PDF

    C．演示文稿设计模板   D．XPS

10．幻灯片中占位符的作用是_____。

    A．表示文本长度   B．限制插入对象的数量

    C．表示图形大小   D．为文本、图形预留位置

二、实践操作题

1．打开素材库中的"超重与失重.pptx"文件，按下面的要求进行操作，并把操作结果存盘。

（1）将第 1 张幻灯片的版式设置为"标题幻灯片"。

（2）为第 1 张幻灯片添加标题，标题为"超重与失重"，字体为"宋体"。

（3）将整张幻灯片的宽度设置为"28.8 厘米（12 英寸）"。

（4）在末尾添加一张"空白"版式的幻灯片。

（5）在新添加的幻灯片中插入一个文本框，文本框的内容为"The End"，字体为"Times New Roman"。

2．打开素材库中的"国际单位制.pptx"文件，按下面的要求进行操作，并把操作结果存盘。

（1）在第 1 张幻灯片前插入 1 张标题幻灯片，在"标题"占位符中输入"国际单位制"。

（2）设置所有幻灯片背景，使其填充效果的纹理为"花束"。

（3）对文字"物理公式在确定物理量"所在幻灯片设置每条（共 6 条）文本的动画的进入效果为"螺旋飞入"。

（4）为文字"在采用先进的……"所在段落删除项目符号。

（5）为文字"SI 基本单位"所在幻灯片中的图片，插入 E-mail 的超链接。

本项目将以"电子相册制作"为例，介绍如何在 PowerPoint 2019 中创建相册、添加背景音乐、插入视频动画、控制放映和打包输出方面的相关知识。

12.1 项目导入

随着数码相机的普及，传统的照片已经不能满足人们的需要，而易于管理和编辑的电子照片日益受到人们的喜爱。因此，制作出精美的电子相册已成为很多人的追求。虽然这方面的专业软件很多，但要做到尽善尽美还需要提前做好很多工作，这需要花费很多时间。使用 PowerPoint 2019 可以有助于人们轻松地制作出精美的电子相册。

小李平时喜欢摄影，经常使用数码相机拍照，存储了很多照片。可是，浏览照片的方式比较单一，为了更好地展示摄影成果，他想制作出精美的电子相册。那么一个精美的电子相册是怎么制作出来的呢？如何设置背景颜色和背景音乐呢？如何插入拍摄的视频动画呢……

带着这些问题，小李不仅向张老师请教，而且自己也查阅了很多资料。在张老师的指导和帮助下，小李很快掌握了制作电子相册的基本流程和要点，并为此进行了前期规划和准备。在制作电子相册的过程中，小李遇到了以下几个问题。

（1）如何使用 PowerPoint 2019 创建电子相册？

（2）如何添加背景音乐及插入视频动画？

（3）如何控制电子相册的放映？

（4）如何打包输出电子相册？

12.2 项目分析

　　电子相册的特点是新颖、生动、色彩鲜明，为了使电子相册更具风格，要分析并规划照片的主题和播放顺序等，选择合适的制作软件，这里选择 PowerPoint 2019 进行制作。

　　PowerPoint 2019 提供了制作电子相册的功能。在创建电子相册时，应先导入图片或照片，用户可以根据需要进一步设置电子相册的版式（图片版式、相框形状、主题等）和调整图片的前后位置，在第 1 张幻灯片（标题幻灯片）中，可以设置电子相册的主题。

　　在创建电子相册后，用户还可以根据需要，进一步添加背景音乐、插入视频动画，制作出更具感染力的多媒体演示文稿。在放映相册时，有多种换片方式，默认为单击鼠标时手动换片。根据需要用户可以设置每隔一定的时间自动换片、排练计时自动换片等，还可以设置循环放映。

　　除了可以把电子相册保存为.pptx 格式的文件，为了能在尚未安装 PowerPoint 2019 的计算机中放映电子相册，还可以把电子相册另存为.ppsx 格式的文件、打包成 CD、复制到文件夹中，并且可以把电子相册创建为视频、创建为讲义等。

　　由以上分析可知，电子相册制作可以分为 5 个任务，即创建电子相册、添加背景音乐、插入视频动画、控制放映、打包输出。

　　电子相册制作的操作流程如图 12-1 所示，完成效果如图 12-2 所示。

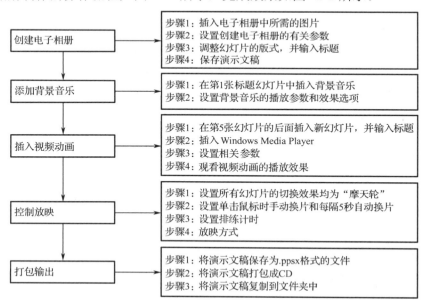

图 12-1　电子相册制作的操作流程

图 12-2　完成效果

12.3　相关知识点

1. 电子相册

电子相册指可以在计算机上观赏的区别于 CD/VCD 的静止图片的特殊文档，其内容不局限于照片，也包括各种艺术创作图片。电子相册因图、文、声、像并茂的表现手法，可随意修改编辑的功能，快速的检索方式，永不褪色的恒久保存特性，以及可廉价复制的优越分发手段，而具有传统相册无法比拟的优越性。

2. 排练计时

在自动放映幻灯片时，要让演示文稿中的各张幻灯片的播放时间互不相同，可以使用"排练计时"功能。"排练计时"功能用于帮助记录每张幻灯片的播放时间。此后，在自动放映时，就会按排练时已经记录的每张幻灯片的播放时间自动放映。

3. 演示文稿打包

演示文稿制作完成后，往往不是在同一台计算机上放映的。如果仅仅将制作好的演示文稿复制到另一台计算机上，而该计算机又未安装 PowerPoint 2019，或演示文稿中使用的链接文件、TrueType 等字体在该计算机上不存在，那么将无法保证演示文稿正常播放。将演示文稿打包成 CD，可以打包演示文稿和所有支持的文件，包括链接文件，并从 CD 上自动运行演示文稿。

12.4　项目实施

12.4.1　任务 1：创建电子相册

PowerPoint 2019 提供了制作电子相册的功能。下面创建电子相册。

步骤 1：启动 PowerPoint 2019，在"插入"选项卡中，单击"图像"组中的"相册"下拉按钮，在打开的下拉列表中选择"新建相册"选项，打开"相册"对话框，单击"文件/磁盘"按钮，如图 12-3 所示。

图 12-3　"相册"对话框

在打开的"插入新图片"对话框中，选择需要导入的图片，如果要导入全部图片，那么可以按快捷键 Ctrl+A，单击"插入"按钮，如图 12-4 所示。

图 12-4　"插入新图片"对话框

　　步骤 2：返回"相册"对话框，可以发现刚才选择的全部图片已经被放到"相册中的图片"列表框中，选择"图片版式"为"2 张图片（带标题）"，"相框形状"为"圆角矩形"，"主题"为"Document Themes 16\Office Theme.thmx"，并勾选"标题在所有图片下面"复选框，调整"相册中的图片"列表框中各图片的顺序，把同类的 2 张图片放到同一张幻灯片中，如图 12-5 所示。

　　通过单击"预览"区域下方的相应按钮，可以调整图片的对比度、亮度、旋转方向等。

　　步骤 3：单击"创建"按钮，这时 PowerPoint 2019 会自动生成一个由 5 张幻灯片组成的演示文稿。其中，第 1 张幻灯片为标题幻灯片，将"标题"占位符和"副标题"占位符中的内容修改为自己需要的内容，并适当调整"副标题"占位符的位置和大小，效果如图 12-6 所示。

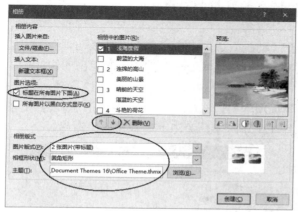

图 12-5　导入图片后的"相册"对话框　　　　　　图 12-6　第 1 张幻灯片的效果

　　设置第 2～5 张幻灯片的标题分别为"大海""高山""天空""鲜花"，并设置标题居中。第 2 张幻灯片的效果如图 12-7 所示。

图 12-7　第 2 张幻灯片的效果

　　步骤 4：单击快速访问工具栏中的"保存"按钮，保存演示文稿，将其命名为"李想相册.pptx"。在操作时要注意及时保存文件。

12.4.2　任务2：添加背景音乐

为了提高演示效果，可以在相册中添加背景音乐。

步骤1：选择第1张幻灯片，在"插入"选项卡中，单击"媒体"组中的"音频"下拉按钮🔊，在打开的下拉列表中选择"PC上的音频"选项，打开"插入音频"窗口，找到并选择素材库中的"开始懂了.mp3"文件，单击"插入"按钮。

图12-8　"播放"选项卡

步骤2：在"音频工具/播放"选项卡中，单击"音频选项"组中的"开始"下拉按钮，在打开的下拉列表中选择"自动"选项，并分别勾选"放映时隐藏""循环播放，直到停止""播放完毕返回开头"复选框，如图12-8所示。

在"动画"选项卡中，单击"高级动画"组中的"动画窗格"按钮，打开"动画窗格"窗格，右击"开始懂了.mp3"选项，在弹出的快捷菜单中选择"效果选项"命令，如图12-9所示。

在打开的"播放音频"对话框的"效果"选项卡中，选中"在"单选按钮，并在其后的数值框中输入"5"，单击"确定"按钮，如图12-10所示。关闭"动画窗格"窗格。

图12-9　选择"效果选项"命令

图12-10　"播放音频"对话框

拖动"喇叭"图标至第1张幻灯片的右上角，单击"播放"按钮▶，即可试听声音的播放效果。用户可以根据需要调节音量。

12.4.3　任务3：插入视频动画

在电子相册中，可以插入视频动画，有些视频格式在PowerPoint 2019中并不被直接支持，此时需要通过插入相关的控件来实现视频的播放。

步骤 1：在第 5 张幻灯片的后面插入"仅标题"版式的幻灯片，在"标题"占位符中，输入"视频欣赏：动物世界"。

步骤 2：选择"文件"→"选项"命令，打开"PowerPoint 选项"对话框，在左侧窗格中选择"自定义功能区"选项，在右侧窗格中勾选"开发工具"复选框，单击"确定"按钮，如图 12-11 所示。此时，即在窗口中显示"开发工具"选项卡。

图 12-11 "PowerPoint 选项"对话框

在"开发工具"选项卡中，单击"控件"组中的"其他控件"按钮 ，如图 12-12 所示。在打开的"其他控件"对话框中，拖动垂直滚动条至底部，选择其中的控件"Windows Media Player"，单击"确定"按钮，如图 12-13 所示。

图 12-12 "开发工具"选项卡

图 12-13 "其他控件"对话框

Windows Media Player 用于播放视频动画。

此时，鼠标指针变为"十字"形状，拖动鼠标在幻灯片中间画一个矩形，该矩形是视频动画的播放窗口，如图 12-14 所示。

步骤 3：右击该播放窗口，在弹出的快捷菜单中选择"属性表"命令，打开"属性"对话框，在参数"URL"右侧的文本框中输入视频文件的实际目录，如"D:\Desktop\素材\项目 13 素材\动物世界.mp4"，如图 12-15 所示。设置完成后，关闭"属性"对话框。

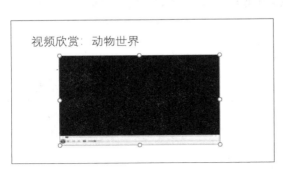

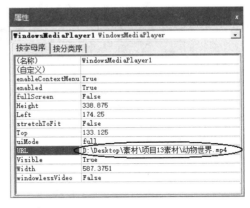

图 12-14　视频动画的播放窗口　　　　　　　　图 12-15　"属性"窗口

如果设置参数"fullScreen"为"True"，那么将全屏播放该视频动画。

步骤 4：在"幻灯片放映"选项卡中，单击"开始放映幻灯片"组中的"从当前幻灯片开始"按钮，观看视频动画的播放效果，如图 12-16 所示。双击视频动画，可以实现全屏播放。

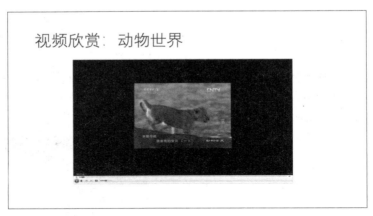

图 12-16　视频动画的播放效果

12.4.4　任务 4：控制放映

扫一扫

微课：控制放映

在放映幻灯片时，可以设置多种换片方式，如单击鼠标时手动换片、每隔一定的时间自动换片、排练计时自动换片等，还可以设置循环放映。

步骤 1：选择第 1 张幻灯片，在"切换"选项卡中，单击"切换到此幻灯片"组右下角的"其他"按钮，在打开的下拉列表中选择"动态内容"

区域的"摩天轮"选项。

单击"计时"组中的"应用到全部"按钮，即把所有幻灯片的切换效果都设置为"摩天轮"。

步骤 2：勾选"单击鼠标时"复选框和"设置自动换片时间"复选框，并设置自动换片时间为 5 秒，如图 12-17 所示。

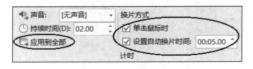

图 12-17　"计时"组

【说明】默认换片方式是单击鼠标时手动换片，如果同时还设置了每隔 5 秒自动换片，那么在开始放映后，若在 5 秒内单击了鼠标，则可以实现换片，否则到 5 秒时，会自动换片。

排练计时是另一种换片方式。与每隔一定的时间自动换片的不同之处在于，"排练计时"功能用于设置每张幻灯片具有不同的播放时间。

步骤 3：在"幻灯片放映"选项卡中，单击"设置"组中的"排练计时"按钮，如图 12-18 所示。此时，即可开始手动放映幻灯片，并出现如图 12-19 所示的"录制"对话框。该对话框中间的时间指当前幻灯片已播放的时间，右侧的时间指所有幻灯片已播放的总时间。手动放映完成后，会弹出如图 12-20 所示的"Microsoft PowerPoint"对话框，提示是否保留新的幻灯片计时，单击"是"按钮，会在下一次放映幻灯片时，按每张幻灯片已计时的时间自动换片（每张幻灯片的播放时间可能不同）。

图 12-18　"幻灯片放映"选项卡

图 12-19　"录制"对话框　　　　图 12-20　"Microsoft PowerPoint"对话框

步骤 4：在"幻灯片放映"选项卡中，单击"设置"组中的"设置幻灯片放映"按钮，打开"设置放映方式"对话框，勾选"循环放映，按 ESC 键终止"复选框，并选中"如果出现计时，则使用它"单选按钮，单击"确定"按钮，如图 12-21 所示。

单击"开始放映幻灯片"组中的"从头开始"按钮，观看幻灯片的播放效果。

图 12-21 "设置放映方式"对话框

12.4.5 任务 5：打包输出

微课：打包输出

电子相册的内容制作完成后，一般会被保存为.pptx 格式的文件，如果被保存为.ppsx 格式的文件，那么即使不启用 PowerPoint 2019 也可以自动放映电子相册。在一般情况下，幻灯片是在计算机中播放的，并且计算机中应该安装了 PowerPoint 2019。然而，有时会遇到计算机中尚未安装PowerPoint 2019 的情况，这样会出现幻灯片无法正常播放的问题。为了解决上述问题，PowerPoint 2019 提供了"打包"功能，可以打包幻灯片中使用的文字、音乐、视频等元素。当然，也可以将演示文稿直接刻录成 CD，以便于使用、携带和播放，无须 PowerPoint 2019的支持。通常，一张 CD 中可以存放一个或多个演示文稿。

步骤 1：选择"文件"→"另存为"命令，选择存储位置后，打开"另存为"窗口，选择"保存类型"为"PowerPoint 放映（*.ppsx）"，单击"保存"按钮，关闭 PowerPoint 2019。

双击刚保存的"李想相册.ppsx"文件，不必启动 PowerPoint 2019 即可观看幻灯片的播放效果。

步骤 2：重新打开"李想相册.pptx"文件（不是"李想相册.ppsx"文件），选择"文件"→"导出"命令，在中间窗格中选择"将演示文稿打包成 CD"选项，单击右侧窗格中的"打包成 CD"按钮，如图 12-22 所示。

在打开的"打包成 CD"对话框中，为 CD 命名，这里将 CD 命名为"我的相册"，如图 12-23 所示。如果有多个演示文稿需要放在同一张 CD 中，那么应单击"添加"按钮，添加相关演示文稿。

如果有更多设置要求，如设置密码，那么应单击如图 12-23 所示对话框中的"选项"按钮，打开如图 12-24 所示的"选项"对话框，设置打开或修改每个演示文稿时使用的密码，单击"确定"按钮。

图 12-22　将演示文稿打包成 CD

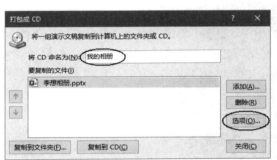

图 12-23　"打包成 CD"对话框

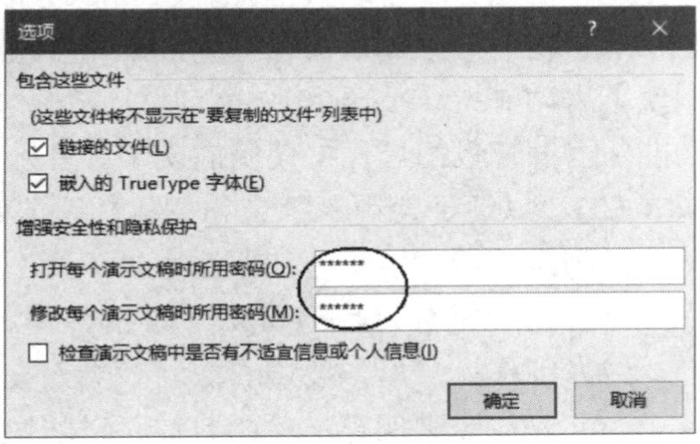

图 12-24　"选项"对话框

将空白 CD 刻录盘放入刻录机,单击"打包成 CD"对话框中的"复制到 CD"按钮,这样就可以开始刻录 CD 了。

步骤 3:在"打包成 CD"对话框中,单击"复制到文件夹"按钮,打开如图 12-25 所示的"复制到文件夹"对话框,指定文件夹名称和保存位置,单击"确定"按钮,将演示文稿保存到指定文件夹中用作其他用途。

图 12-25　"复制到文件夹"对话框

在如图 12-22 所示的窗口中,还可以根据演示文稿创建 PDF/XPS 文档、视频、讲义等。

12.5 总结与提高

本项目介绍了如何在 PowerPoint 2019 中创建相册、添加背景音乐、插入视频动画、控制放映和打包输出方面的相关知识。

掌握一般演示文稿制作方法后，再制作电子相册时就游刃有余了。下面总结一下制作过程，准备好照片文件和其他素材是制作电子相册的基础，建立电子相册及完善美化电子相册是制作电子相册的核心。

在电子相册中可以插入视频动画，有些视频格式在 PowerPoint 2019 中并不被直接支持，此时需要通过插入相关控件来实现视频的播放。

在放映幻灯片时，可以设置多种换片方式，如单击鼠标时手动换片、每隔一定的时间自动换片、排练计时自动换片等，还可以设置循环放映。

电子相册除了可以被保存为.pptx 格式的文件，还可以被保存为.ppsx 格式的文件。这样即使不启动 PowerPoint 2019 也可自动放映电子相册。此外，PowerPoint 2019 提供了"打包"功能，可以打包幻灯片中使用的文字、音乐、视频等元素。当然，也可以将演示文稿直接刻录成 CD，以便于使用、携带和播放，无须 PowerPoint 2019 支持。

在制作演示文稿时，还要注意以下几个方面。

（1）充分使用 PowerPoint 2019 的视图方式。

（2）制作完成后，要观看放映效果，在放映时应注意放映方式。

（3）养成经常保存文件的习惯，以防发生意外，导致文件出错或丢失。

（4）在电子相册中选择图片时要注意搭配，以符合内容主题。

12.6 拓展知识：中国计算机软件事业铺路人杨芙清院士

杨芙清是著名的计算机软件科学家、教育家。她在我国系统软件、软件工程、软件工业化生产和人才培养等方面，创造了许多"第一"的记录；她是我国第一位计算数学专业的研究生；她在北京大学倡导成立了计算机科技系，并成为该系第一位教授和博士生导师；她主持并成功研制了我国第一台百万次集成电路计算机多道运行作业系统，以及第一个全部用高级语言书写的作业系统；她创办了中国第一个软件工程学科，亦开创了软件技术的基础研究领域；她根据作业系统研制实践经验编著的《管理程序》，成为中国从事计算机系统研制者的第一代启蒙教材。

杨芙清谈到："人生之路，既是奋斗之路、报国之路、奉献之路，也是人生价值观的实践之路、实现之路"，她勉励学生："勤奋出人才，务实创大业"。

12.7　习题

一、选择题

1. 以下＿＿＿＿＿属于视频文件格式且被 PowerPoint 2019 支持。
   A．.avi　　　　　　B．.wpg　　　　　　C．.jpg　　　　　　D．.win

2. 以下＿＿＿＿＿不是 PowerPoint 2019 允许插入的对象。
   A．图形、图表　　　　　　　　B．表格、声音
   C．视频剪辑、数学公式　　　　D．数据库

3. 扩展名为＿＿＿＿＿的演示文稿，不必直接启动 PowerPoint 2019 即可浏览。
   A．.pptx　　　　　　B．.potx　　　　　　C．.ppsx　　　　　　D．.popx

4. 由 PowerPoint 2019 产生的＿＿＿＿＿格式的文件，可以在 Windows 10 中通过双击直接放映。
   A．.pptx　　　　　　B．.ppsx　　　　　　C．.potx　　　　　　D．.ppax

5. 在 PowerPoint 2019 中，"打包"的含义是＿＿＿＿＿。
   A．压缩演示文稿便于存放
   B．将嵌入的对象与演示文稿压缩到同一个 U 盘上
   C．压缩演示文稿便于携带
   D．将演示文稿、播放器和一些相关链接文件复制到文件夹中

6. 如果希望终止幻灯片的演示，那么随时可以按的快捷键是＿＿＿＿＿。
   A．Delete　　　　　　　　　B．Ctrl+E
   C．Shift+C　　　　　　　　D．Esc

7. 在 PowerPoint 2019 中，以下说法错误的是＿＿＿＿＿。
   A．可以动态显示文本和对象
   B．可以更改动画对象的出现顺序
   C．不可以为图表中的元素设置动画效果
   D．可以设置幻灯片切换效果

8. 在幻灯片放映过程中，右击任意位置，先在弹出的快捷菜单中选择"指针选项"命令，再选择荧光笔，在讲解过程中可以进行写和画，其结果是＿＿＿＿＿。
   A．对幻灯片进行了修改
   B．没有对幻灯片进行修改
   C．写和画的内容留在幻灯片上，下次放映时还会显示
   D．写和画的内容可以保存起来，以便下次放映时显示

9. 改变演示文稿外观可以通过＿＿＿＿＿实现。
   A．修改主题　　　B．修改母版　　　C．修改背景样式　　　D．以上 3 项都正确

10．PowerPoint 2019 中的文档保护方法包括_____。

    A．加密　　　　　　　　　　　　B．转换文件类型

    C．设置 IRM 权限　　　　　　　　D．以上 3 项都正确

二、实践操作题

1．打开素材库中的"数据仓库的设计.pptx"文件，按下面的要求进行操作，并把操作结果存盘。

（1）为幻灯片应用"画廊"主题。

（2）给幻灯片插入日期（自动更新，格式为××年××月××日）。

（3）设置幻灯片的动画效果。

针对第 2 张幻灯片，按顺序自定义以下动画效果。

① 将文字"面向主题原则"的进入效果设置成"自顶部""飞入"。

② 将文字"数据驱动原则"的强调效果设置成"彩色脉冲"。

③ 将文字"原型法设计原则"的退出效果设置成"淡化"。

④ 添加"前进"（或"下一项"）与"后退"（或"前一项"）动作按钮。

（4）按下面的要求设置幻灯片的切换效果。

① 设置所有幻灯片的切换效果均为"自左侧""推入"。

② 实现每隔 3 秒自动切换，也可以单击鼠标时手动切换。

（5）在最后一张幻灯片后，添加一张幻灯片，将其设计出如下效果：单击鼠标后，矩形不断放大，放大到原尺寸的 3 倍，重复显示 3 次，恢复到原尺寸，其他设置默认不变。效果分别如图 12-26、图 12-27、图 12-28 所示。

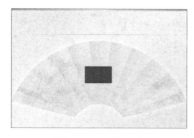

图 12-26　原尺寸

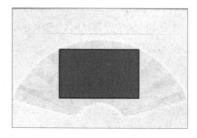

图 12-27　放大到原尺寸的 3 倍，重复显示 3 次

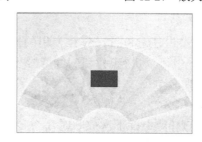

图 12-28　恢复到原尺寸

【说明】矩形的初始大小自行设定。

>>>>>>

附录 A

Windows 10 和 Office 2019 的常用快捷键

附表 1　Windows 10 的常用快捷键

快 捷 键	含 义
Win 或 Ctrl＋Esc	打开"开始"菜单
Win＋D	显示桌面
Win＋E	打开"文件资源管理器"窗口
Win＋F1	打开"如何在 Windows 中获取帮助"窗口
Win＋M	缩小所有窗口到任务栏
Win＋Pause	打开"系统"窗口
Win＋R	打开"运行"对话框
Win＋ ←	将当前窗口固定到显示器左侧
Win＋ →	将当前窗口固定到显示器右侧
Win＋ ↑	最大化当前窗口
Win＋ ↓	最小化或恢复当前窗口
Win＋Space	切换输入法
Alt＋Tab	切换并启动任务栏中的窗口
Alt＋Space	打开当前窗口的"控制"菜单
Alt＋F4	关闭当前程序
Ctrl＋Shift＋Esc	打开"任务管理器"窗口
Ctrl＋Alt＋Delete	打开 Windows 10 的管理界面

附表 2　Office 2019 的常用快捷键

快 捷 键	含 义	快 捷 键	含 义
Ctrl+Space	打开输入法	Ctrl+Shift	切换输入法
Shift+Space	切换全角和半角	Ctrl+X	剪切
Ctrl+.	切换中/英文标点符号	Ctrl+C 或 Ctrl+Insert	复制
Ctrl+Home	跳到文件开头	Ctrl+V 或 Shift+Insert	粘贴
Ctrl+End	跳到文件末尾	Ctrl+Z 或 Alt+Backspace	撤销

附表 3　Word 2019 的常用快捷键

快 捷 键	含 义	快 捷 键	含 义
Ctrl+A	全选	Ctrl+2	双倍行距
Ctrl+B	粗体	Ctrl+5	1.5 倍行距
Ctrl+C	复制	Ctrl+等号	下标和正常切换
Ctrl+D	字体格式	Ctrl+Shift+A	大写
Ctrl+E	居中对齐	Ctrl+Shift+B	粗体
Ctrl+F	查找	Ctrl+Shift+C	复制格式
Ctrl+G	定位	Ctrl+Shift+E	修订
Ctrl+H	替换	Ctrl+Shift+H	应用隐藏格式
Ctrl+I	斜体	Ctrl+Shift+I	斜体
Ctrl+J	两端对齐	Ctrl+Shift+J	分散对齐
Ctrl+K	插入超链接	Ctrl+Shift+L	列表样式
Ctrl+L	左对齐	Ctrl+Shift+M	减少左缩进
Ctrl+M	左缩进	Ctrl+Shift+N	降级为正文
Ctrl+N	新建	Ctrl+Shift+Q	Symbol 字体
Ctrl+O	打开	Ctrl+Shift+S	定义样式
Ctrl+P	打印	Ctrl+Shift+T	减少首行缩进
Ctrl+R	右对齐	Ctrl+Shift+U	下画线
Ctrl+S	保存	Ctrl+Shift+V	粘贴格式
Ctrl+T	首行缩进	Ctrl+Shift+W	只给词加下画线
Ctrl+U	下画线	Ctrl+Shift+Z	默认字体样式
Ctrl+V	粘贴	Ctrl+Shift+等号	上标和正常切换
Ctrl+W	是否保存文档	Ctrl+Shift+小于号	缩小字号
Ctrl+X	剪切	Ctrl+Shift+大于号	增大字号
Ctrl+Y	重复	Alt+Shift+A	扩展或折叠所有文本或标题（大纲视图）
Ctrl+Z	撤销	Alt+Shift+C	撤销拆分文档窗口
Ctrl+1	单倍行距	Ctrl+Alt+I	打印预览
Alt+Shift+D	插入日期	Ctrl+Alt+K	自动套用格式
Alt+Shift+E	编辑邮件合并数据	Ctrl+Alt+N	草稿视图
Alt+Shift+F	插入合并域	Ctrl+Alt+O	大纲视图

续表

快 捷 键	含 义	快 捷 键	含 义
Alt＋Shift＋K	邮件合并时检查错误	Ctrl＋Alt＋P	页面视图
Alt＋Shift＋L	仅显示首行（大纲视图）	Ctrl＋Alt＋R	添加注册商标®
Alt＋Shift＋M	邮件合并到打印机	Ctrl＋Alt＋S	拆分窗口
Alt＋Shift＋N	合并文档	Ctrl＋Alt＋T	添加商标™
Alt＋Shift＋O	标记目录项	Ctrl＋Alt＋U	去掉表格框线
Alt＋Shift＋P	插入页码	Ctrl＋Alt＋V	选择性粘贴
Alt＋Shift＋R	链接到上一节的页眉和页脚	Ctrl＋Alt＋Y	重复查找
Alt＋Shift＋T	插入时间	Ctrl＋Alt＋Z	返回
Alt＋Shift＋U	更新域	Ctrl＋Alt＋1	应用"标题 1"
Alt＋Shift＋X	标记索引项	Ctrl＋Alt＋2	应用"标题 2"
Ctrl＋Alt＋C	添加版权©	Ctrl＋Alt＋3	应用"标题 3"
Ctrl＋Alt＋D	插入尾注		
Ctrl＋Alt＋F	插入脚注		

附表 4　Excel 2019 的常用快捷键

快 捷 键	含 义
Ctrl＋P 或 Ctrl＋Shift＋F12	显示"打印"对话框
Ctrl＋↑＋←（打印预览）	缩小显示时，滚动到第一页
Ctrl＋↓＋→（打印预览）	缩小显示时，滚动到最后一页
Shift＋F11 或 Alt＋Shift＋F1	插入新工作表
Ctrl＋PgDn	移动到工作簿中的下一个工作表
Ctrl＋PgUp	移动到工作簿中的上一个工作表
Ctrl＋Shift＋PgDn	选择当前工作表和下一个工作表
Ctrl＋Shift＋PgUp	选择当前工作表和上一个工作表
Home	移动到行首
Ctrl＋Home	移动到工作表的开头
End	移动到行尾
Ctrl＋End	移动到工作表的最后一个单元格
Alt＋PgDn	向右移动一屏
Alt＋PgUp	向左移动一屏
F6	切换到被拆分的工作表中的下一个窗格
Shift＋F6	切换到被拆分的工作表中的上一个窗格
F5	显示"定位"对话框
Shift＋F5 或 Ctrl＋F	显示"查找和替换"对话框的"查找"选项卡
Shift＋F4	重复上一次查找操作
Ctrl＋Alt＋→	向右切换到下一个不相邻的被选择的区域
Ctrl＋Alt＋←	向左切换到下一个不相邻的被选择的区域
Ctrl＋Space	选择整列
Shift＋Space	选择整行

快 捷 键	含 义
Ctrl＋A	选择整个工作表
Alt＋Enter	在单元格中换行
Ctrl＋Enter	使用当前输入项填充选择的单元格区域
F4 或 Ctrl＋Y	重复上一次操作
Ctrl＋D	向下填充
Ctrl＋R	向右填充
Ctrl＋F3	定义名称
Ctrl＋K	插入超链接
Ctrl＋;	插入日期
Ctrl＋Shift＋;	插入时间
Alt＋↓	显示数据清单的当前列中的数值下拉列表
F2	关闭单元格的编辑状态，将插入点移动到编辑栏中
F3	将定义的名称粘贴到公式中
Shift＋F3	显示"插入函数"对话框
Alt＋等号	使用 SUM 函数插入"自动求和"公式
F9	计算所有打开的工作簿中的所有工作表
Shift＋F9	计算活动工作表
Ctrl＋Delete	删除从插入点到行末的内容
F7	显示"拼写检查"对话框
Shift＋F2	插入单元格批注
Ctrl＋Shift＋Z	在显示"自动更正"标记时，撤销或恢复上次的自动更正
Ctrl＋X	剪切选择的单元格
Ctrl＋V	粘贴复制的单元格
Ctrl＋Shift＋加号	插入空白单元格
Alt＋'	显示"样式"对话框
Ctrl＋1	显示"设置单元格格式"对话框
Ctrl＋Shift＋~	应用"常规"数字格式
Ctrl＋Shift＋$	应用带两个小数位的"货币"格式（负数在括号内）
Ctrl＋Shift＋%	应用不带小数位的"百分比"格式
Ctrl＋Shift＋^	应用带两个小数位的"科学记数"格式
Ctrl＋Shift＋#	应用带年、月、日的"日期"格式
Ctrl＋Shift＋@	应用带时和分并标明上午或下午的"时间"格式
Ctrl＋Shift＋!	应用带两个小数位、使用千位分隔符且负数用负号表示的"数字"格式
Ctrl＋B	应用或取消加粗格式
Ctrl＋I	应用或取消倾斜格式
Ctrl＋U	应用或取消下画线
Ctrl＋5	应用或取消删除线
Ctrl＋9	隐藏选择的行
Ctrl＋Shift＋9	取消选择的单元格区域中的所有隐藏行的隐藏状态

续表

快 捷 键	含 义
Ctrl+Shift+&	对选择的单元格应用外边框
Ctrl+Shift+_	取消选择的单元格的外边框

附表 5 PowerPoint 2019 的常用快捷键

快 捷 键	含 义
Ctrl+G	组合对象
Shift+Ctrl+G	取消组合对象
Ctrl+P	显示绘图笔
Ctrl+E	擦除屏幕上的绘图
F5	从头开始放映
Shift+F5	从当前幻灯片开始放映
Esc	退出放映
Alt+Shift+C	复制动画效果
Alt+Shift+V	粘贴动画效果
Ctrl+K	插入超链接
Alt+N	显示"插入"选项卡
Alt+Shift+←	提升段落级别
Alt+Shift+→	降低段落级别
Alt+Shift+↑	上移所选段落
Alt+Shift+↓	下移所选段落
Alt+Shift+1	折叠所有组（大纲视图）
Alt+Shift+加号	展开标题下的文本
Alt+Shift+减号	折叠标题下的文本

参 考 文 献

[1] 黄林国. 信息技术（微课版）[M]. 北京：电子工业出版社，2023.

[2] 叶娟，朱红亮，陈君梅，等. Office 2016 办公软件高级应用[M]. 北京：清华大学出版社，2021.

[3] 邵斌，张建宏. 办公软件高级应用[M]. 北京：电子工业出版社，2021.

[4] 马文静. Office 2019 办公软件高级应用[M]. 北京：电子工业出版社，2020.

[5] 李勇，赵建锋，王定国. 办公软件高级应用教程（Office 2019）[M]. 北京：电子工业出版社，2021.

[6] 尹建新，周素茵. 办公软件高级应用案例教程——Office 2019（微课版）[M]. 北京：电子工业出版社，2023.

[7] 王欣. 办公软件高级应用案例教程（Office 2016 微课版）[M]. 北京：人民邮电出版社，2021.

[8] 邓青，冀松. Office 2016 办公软件高级应用（微课版）[M]. 北京：人民邮电出版社，2021.

[9] 侯丽梅，赵永会，刘万辉. Office 2016 办公软件高级应用实例教程[M]. 2 版. 北京：机械工业出版社，2019.

[10] 刘卫国，牛莉. 办公软件高级应用[M]. 北京：高等教育出版社，2019.